中国高等教育学会工程教育专业委员会新工科"十三五"规划教材

U0182746

Mechanical Foundation

机械基础

朱 花　刘 静　主　编

于双洋　夏福中　副主编

谢文涓　参　编

ZHEJIANG UNIVERSITY PRESS

浙江大学出版社

图书在版编目(CIP)数据

机械基础 / 朱花，刘静主编. —杭州：
浙江大学出版社，2020.11
ISBN 978-7-308-20719-5

Ⅰ. ①机… Ⅱ. ①朱… ②刘… Ⅲ. ①机械学 Ⅳ. ①TH11

中国版本图书馆 CIP 数据核字(2020)第 206957 号

机械基础

朱花　刘静　主编

责任编辑	吴昌雷
责任校对	王　波
封面设计	续设计
出版发行	浙江大学出版社
	（杭州市天目山路 148 号　邮政编码 310007）
	（网址：http://www.zjupress.com）
排　版	杭州朝曦图文设计有限公司
印　刷	杭州良诸印刷有限公司
开　本	710mm×1000mm　1/16
印　张	7.25
字　数	172 千
版印次	2020 年 11 月第 1 版　2020 年 11 月第 1 次印刷
书　号	ISBN 978-7-308-20719-5
定　价	28.00 元

前　言

　　本书是一本针对"对分课堂"教学模式编纂的教材。"对分课堂"是复旦大学张学新教授提出的一种新型教学模式，它采用教师讲授（presentation）、内化吸收（assimilation）、生生讨论（discussion）、师生对话（dialogue）四个环节。在形式上，总体把课堂时间一分为二，一半留给教师（讲授和解惑），一半留给学生（内化和讨论）；实质上，它在讲授和讨论之间还引入一个心理学的内化环节，使学生对讲授内容吸收之后，有备而来地参与讨论。该模式既保留了中国传统教学模式，又吸收了国际研讨型课堂的精髓。

　　"对分课堂"教学模式，有助于培养学生的语言表达能力、人际交往能力及团队合作能力，能增进师生之间、生生之间的认识和理解，建立更为深厚的师生感情和生生情感。

　　对分课堂，具体又分为以下两大模式，教师们可根据章节内容及自身教学的习惯，进行选择。

　　模式一：当堂对分。首先，教师讲授，主要讲解框架和重难点内容。接下来让学生们进行独立学习，然后进入小组讨论，最终是教师答疑。我们可以看出，这种模式，在一次课上完整地实施了4个环节（讲授、独学、讨论、对话）。在当堂对分时，一般独学的时候可以适当布置一些微作业，也就是相对简单的思考题或练习题，让学生结合思考和练习，进行内化吸收。

　　模式二：隔堂对分。我们以一个运行周期为例，教师在前一次课的第2节课讲授新知识，然后学生在课外进行消化吸收，到了第二次课的第1节课，先安排小组讨论，讨论时间通常不少于15分钟，最后是师生对话，即教师答疑。第2节课继续讲授新的内容，开始新的循环。

　　"对分课堂"有一项极具特色的反思性作业："亮、考、帮。""亮"，也称为"亮闪闪"，学生列出自己学习过程中印象深刻的方面或者认为最大的收获。"考"，也称为"考考你"，学生针对自己掌握得还不错的内容，试着设计问题，考考组内的同伴，同时他要为这些问题准备好答案，学生在设计问题的过程中，就促进了他们的进一步深度学习，甚至是创新性学习。"帮"，也称为"帮帮我"，学生可以把存在的问题记录下来，让组内的同学帮忙解答。学生在写"亮、考、帮"的过程，就是促进自己对相关知识点的梳理和进一步学习思考的过程。

　　温馨提示：

　　（1）对分课堂模式下，不主张学生课前预习，不主动拉开学生之间的学习起点与差异化。

　　（2）对分课堂模式下，教师的讲授是一种精讲，也就是不要面面俱到地把所有的内容都讲透，要注意留有一些给学生自主探索和提升的空间。有的内容甚至可以考虑采取导

—— 1 ——

读的方式,快速地介绍框架、重难点内容,以及知识点之间的联系,剩下的逐步引导学生补全。概念尽量用精炼、通俗易懂的语言告知学生即可。在传统教学过程中,通过举多个例子进行讲授的计算内容,可考虑先举一个例子,其他例子只告诉学生它们之间的区别,然后引导学生进一步思考和解决问题。

(3)对分课堂模式下,需重视科学合理的分组。通常小组内人数越少,学生的参与度越高。如果是小班教学,可以 2 人/组。大班教学控制在 4~6 人比较合适。同时,兼顾学生的学情(例如每 4 名同学一组,我们可以以 ABBC 模型建立小组,也就是每个组里由 1 名成绩相对优秀、2 名成绩中等、1 名基础较弱的同学组成),最好能兼顾组内学生的性格特点(内向、外向),以及性别(男女生尽量错开)。

(4)对分课堂模式下,提倡学生通过"亮、考、帮"和思维导图等方式的交流和参与,在对所学知识进行传达的过程中,既能够展现不同主体对知识掌握的个性化特点,又能促成生生之间彼此的互补和完善。

(5)为促进学生之间的相互学习,有时可以采取作业互评的方式。学生在互评中反思,进一步提升。通过观摩他人的作业,可以互相取长补短。互评主要分为 3 个等级(完成、态度认真与有新意创意),只要上交了有效的作业表示完成,就给 3 分(即合格),态度比较认真的给 4 分(即良好),如果作业有新意创意,则给 5 分(即满分)。

全书由朱花(负责全书统稿)、刘静(负责第 1—2 章及统稿)担任主编。夏福中(负责第 3—5 章初稿及动画视频)、于双洋(负责第 6—8 章初稿及动画视频)担任副主编,谢文涓(负责第 11—13 章初稿)担任参编。

本书受到以下资助与支持:朱花老师主持的中国高等教育学会 2018 年度高等教育科学研究"十三五"规划课题"移动互联+对分课堂——新工科人才培养教学改革与实证研究"(课题编号:2018GCJYB19),朱花老师主持的江西省 2018 年度重点教改项目"基于移动互联的'机械设计基础'对分课堂教学改革研究"(项目编号:JXJG-18-7-5)。

最后,感谢在本书的设计、写作过程中给予细心指导的复旦大学张学新教授,全程参与实践对分的所有师生,以及所有关心和关注课堂教育教学改革的人!

朱花
2020 年 8 月 1 日

目录 Contents

第一章　绪　论

在长期的生产实践中,人类为了减轻体力劳动和脑力劳动,改善劳动条件,提高劳动生产率,发明创造了各种各样的机械,例如汽车、洗衣机、电动机、机床等。机械行业虽然古老,但不会过时。从"神舟十号"宇宙飞船到"嫦娥四号"登月着陆器,从万吨游轮到纳米级医疗器械,都是机械行业的产物。

让我们来看看,什么是机械,机器与机构有什么不同,机械零件为什么有通用和专用的区分。

一、理论要点

(一)现代机械及其组成

随着科学技术的迅速发展,机械的种类日益纷繁复杂,功能和形式也各不相同,但都有一些共同的特征:

(1)动力部分。是机械的动力来源,其作用是把其他形式的能量转变为机械能,以驱动机械运动,并对外(或对内)做功,如电动机、内燃机等。

(2)传动部分。是将运动和动力传递给执行部分的中间环节,它可以改变运动速度,转换运动形式,以满足工作部分的各种要求,如减速器将高速转动变为低速转动,螺旋机构将旋转运动转换成直线运动。

(3)执行部分。是直接完成机械预定功能的部分,也就是工作部分。如机床的主轴和刀架、起重机的吊钩、挖掘机的挖斗机构等。

(4)控制部分。是用来控制机械的其他部分,使操作者能随时实现或停止各项功能。如机器的启动、运动速度和方向的改变、机器的停止和监测等,通常包括机械和电子控制系统等。

当然,并不是所有的机械系统都具有上述四个部分,有的只有动力部分和执行部分,如水泵、砂轮机等;而有些复杂的机械系统,除具有上述四个部分外,还有润滑、照明装置和框架支撑系统。

(二)机器与机构

机器是机械装置与装备整机的通用名称。根据工作类型的不同,一般可将机器分为动力机器、工作机器和信息机器三类。动力机器的功用是将某种能量变换为机械能,或者将机械能变换为其他形式的能量,例如内燃机、电动机、发电机等。工作机器的功用是完成有用的机械功或搬运物品,例如起重机、运输机、金属切削机床、各种食品机械等。信息机器的功用是完成信息的变换和传递,例如传真机、打印机、复印机、照相机等。

(三)机构的组成

不同机器的功用不同,其构造、性能和用途也各不相同。

从制造角度来分析机器,可以把机器看成是由若干机械零件组成的。零件是指机器的制造单元。机械零件又分为通用零件和专用零件两大类:通用零件是指各种机器经常用到的零件,如螺栓、螺母、轴和齿轮等;专用零件是指只有某种机器才用到的零件,如内燃机曲轴、汽轮机叶片和机床主轴等。

从运动角度来分析机器,可以把机器看成是由若干构件组成的,构件是指机器的运动单元,构件可能是一个零件,也可能是若干个零件组成的刚性组合体。

从装配角度来分析机器,可以认为较复杂的机器是由若干部件组成的。部件是指机器的装配单元,例如车床就是由主轴箱、进给箱、溜板箱及尾架等部件组成的。

机构与机器的区别在于:机构只是一个构件系统,而机器除构件系统之外还包含电气、液压等其他装置;机构的主要职能是传递运动和动力,而机器的主要职能除传递运动和动力外,还能转换机械能或完成有用的机械功。

机构是多个具有确定相对运动的构件的组合体,它在机器中起到改变运动规律或形式、改变速度大小和方向的作用。尽管机构也有许多不同种类,其用途也各有不同,但它们都有与机器前两个特征相同的特征。由上述分析可知,机构是机器的重要组成部分,用以实现机器的动作要求。一台机器可能只包含有一个机构,也可由若干个机构所组成。

从结构和运动角度来看,机器和机构没有什么区别。因此,为了叙述方便,通常用"机械"一词作为"机器"和"机构"的总称。

(四)本课程研究的内容、性质和任务

1.本课程研究的内容

(1)机械设计基础知识。主要介绍机械设计的基本要求及一般设计程序;零件的主要失效形式和工作能力;零件的设计准则和一般设计步骤;机械设计中常用材料及其选择原则。

(2)常用机构及机械传动。平面机构的自由度;平面连杆机构;凸轮机构;齿轮传动;轮系设计;带与链传动。

(3)通用机械零部件。螺纹连接;键连接和销连接;滚动轴承;联轴器;轴。

(4)机械创新设计。

2.本课程的性质和任务

(1)掌握常用机构的工作原理、运动特性和机械动力学等基本知识,初步具备分析、设计基本机构和确定机构运动方案的能力。

(2)了解机械设计的基本要求、基本内容和一般设计过程,掌握通用零部件的工作原理、结构特点、材料选用、设计计算的基本知识,并初步具有设计简单机械与常用机械装置的能力。

(3)培养学生运用标准、规范、手册、图册等相关技术资料的能力。

(4)初步具有正确使用、维护一般机械和分析、处理常见机械故障的能力。

二、案例解读

如图 1-1 所示的焊接机器人就是典型的现代机器,它的执行部分是操作机 4,该部分可以实现六个独立的回转运动,完成焊接操作。驱动部分按动力源的不同可分为电动、液动或气动,其驱动机为电动机、液压马达、液压缸、汽缸及气马达。传动部分可以是齿轮传动、谐波传动、带传动或链传动等,也可以将上述驱动机直接与执行系统相连。控制部分是控制装置 2,它由计算机硬件、软件和一个专用电路组成。焊接机器人由计算机协调控制操作机的运动,用于完成各种焊接工作。

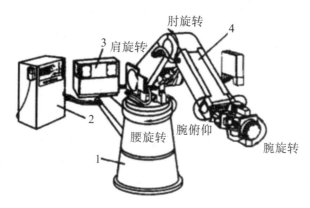

图 1-1 焊接机器人

1-机座;2-控制装置;3-电源装置;4-操作机。

以汽车为例,如图 1-2 所示,发动机(汽油机或柴油机)是汽车的动力部分;变速箱、传动轴、差速器和离合器组成传动部分;车轮、悬挂系统及底盘是执行部分;转向盘和转向系统、挂挡杆、刹车及其踏板、离合器踏板及油门组成控制部分;速度表、里程表、油量表、润滑油温度表和电压表等组成显示系统;前后灯及仪表盘等组成照明系统;转向信号灯及车位红灯组成信号系统;后视镜、刮雨器、车门锁和安全装置等为其他辅助装置;车架为框架支撑系统。

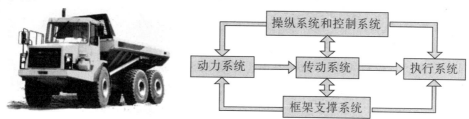

图 1-2 机械系统的组成

如图 1-3 所示为单缸四冲程内燃机。工作开始时,排气阀 4 关闭,进气阀 3 打开,燃气由进气管通过进气阀 3 被下行的活塞 2 吸入汽缸体 1 的汽缸内,然后进气阀 3 关闭,活塞 2 上行压缩燃气,点火后燃气在汽缸中燃烧、膨胀产生压力,从而推动活塞下行,并通过连杆 7 使曲柄 8 转动,这样就把燃气的热能变换为曲柄转动的机械能。当活塞 2 再次上行时,排气阀 4 打开,燃烧后的废气通过排气阀 4 由排气管排出。曲轴 8 上的齿轮 10 带动两个齿轮 9,从而带动两根凸轮轴转动,两个凸轮轴再推动两个推杆 5,使它按预定的规律打开或关闭排气阀 4 和进气阀 3。以上各机件协同配合、循环动作,便可使内燃机连续工作。

组成内燃机的机构有：

（1）曲柄滑块机构。由活塞 2、连杆 7、曲轴 8 和汽缸体 1 组成，把活塞的上下移动变换为曲轴的连续转动，实现了运动方式的变换。

（2）齿轮机构。由齿轮 9、齿轮 10 和汽缸体 1 组成，把曲轴的转动传递给了凸轮，两个齿轮的齿数比为 1∶2，使曲轴转两周时，进气阀、排气阀各启闭一次，实现了运动的传递。

（3）凸轮机构。由凸轮 6、进（排）气阀推杆 5 及汽缸体 1 组成，把凸轮轴的转动变换成了推杆的上下移动，实现了运动方式的变换。

虽然机器的种类很多，都具有三个共同的基本特征：机器都是由一系列构件（也称运动单元体）组成；组成机器的各构件之间都具有确定的相对运动；机器均能转换机械能或完成有用的机械功。

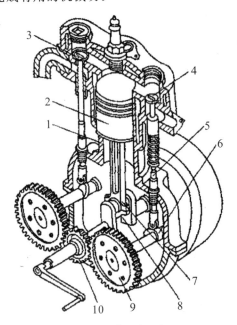

图 1-3　单缸内燃机

1-汽缸体；2-活塞；3-进气阀；4-排气阀；5-推杆；
6-凸轮；7-连杆；8-曲柄；9-大齿轮；10-小齿轮。

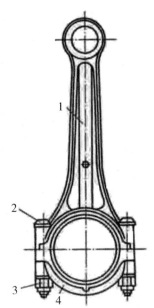

内燃机

图 1-4　内燃机的连杆总成

1-连杆体；2-连杆螺栓；3-螺母；4-连杆头。

图 1-4 所示为内燃机的连杆总成，是由连杆体 1、连杆螺栓 2、螺母 3 和连杆头 4 等零件组成的构件。组成连杆的各零件与零件之间没有相对的运动，成为平面运动的刚性组合体。

三、学习任务

1.对教师讲过的案例进行分析。

2.任意选取 1～2 个机器的案例，结合本章所学知识进行分析。

3.请写出学习本章内容过程中形成的"亮、考、帮"。

第二章　平面机构及其自由度

工程实际当中,特别在分析和设计阶段,工程师常常使用平面机构运动简图,简明直观地呈现庞大复杂机器的机构运动。利用运动简图计算机构自由度,是对设计机器进行探讨和验证的重要方法。

让我们来看看,平面机构运动简图如何绘制,机构的自由度如何计算。

第一节　平面机构运动简图

一、理论要点

(一)运动副分类及其表示方法

一个做平面运动的自由构件具有三个自由度。如图 2-1 所示,在 XOY 坐标系中,构件 1 可以随其上任一点 A 沿 X 轴、Y 轴方向独立移动和绕 A 点独立转动。这种相对于参考系构件所具有的独立运动称为构件的自由度。

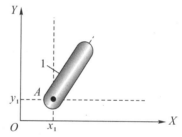

图 2-1　平面机构的自由度

两构件直接接触并能产生相对运动的活动连接,称为运动副。按照接触的特性,通常把运动副分为低副和高副两大类。

1. 低副

两构件通过面接触所组成的运动副称为低副。根据形成低副的两构件可以产生相对运动的形式,低副又可以分为转动副和移动副两大类。

(1)转动副。组成运动副的两构件只允许在某一个平面内作相对转动,这种运动副称为转动副,或称为铰链。如图 2-2、图 2-3 所示,构件 1 和 2 之间只能在两构件所形成的平面内绕轴发生相对转动,即只有一个自由度。

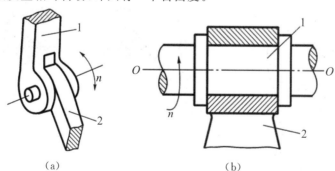

(a)　　　　　　　　　　(b)

图 2-2　转动副

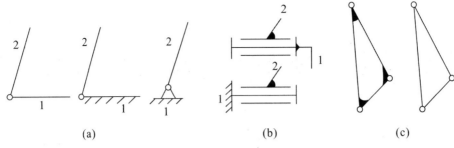

图 2-3 转动副的表示方法

（2）移动副。组成运动副的两构件只允许沿某一轴线相对移动，这种运动副称为移动副，如图 2-4、图 2-5 所示。

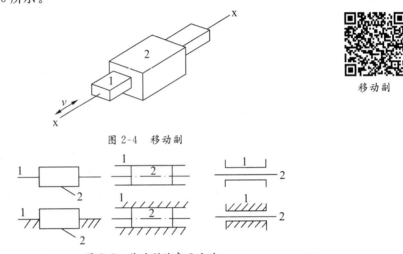

移动副

图 2-4 移动副

图 2-5 移动副的表示方法

2.高副

两构件通过点或线接触所组成的运动副称为高副。如图 2-6（a）所示的凸轮机构中，凸轮 1 与从动件杆 2 之间为点接触；如图 2-6（b）所示的齿轮机构中，轮齿 1 和 2 之间为线接触。它们的相对运动是绕 A 点的转动和沿切线 t-t 方向的移动，限制了沿 A 点切线 n-n 方向的移动。

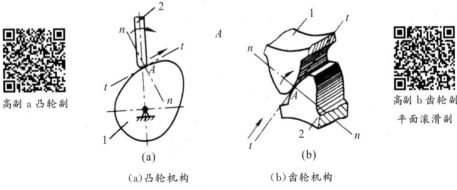

高副 a 凸轮副

高副 b 齿轮副
平面滚滑副

（a）凸轮机构 　　（b）齿轮机构

图 2-6 高副

(二)构件的分类及其表示方法

1.构件的分类

组成机构的构件,根据运动副的性质可分为以下三类。

(1)固定构件(机架):机构中相对固定不动的构件称为固定构件,它是用来支撑其他活动构件(运动构件)的构件。如图2-7中牛头刨床的机座1。

(2)原动件(主动件):运动规律已知的活动构件,又称为输入构件,它一般与机架相连。如图2-7中的主动齿轮2。

(3)从动件:机构中随原动件运动而运动的其余活动构件。其中,输出预期运动的从动件称为输出构件,如图2-7中的刨头7。

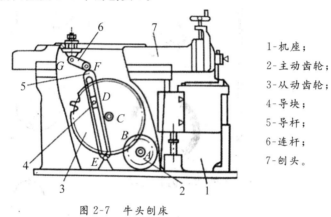

1-机座;

2-主动齿轮;

3-从动齿轮;

4-导块;

5-导杆;

6-连杆;

7-刨头。

图 2-7　牛头刨床

2.构件的表示方法

构件常用直线段或小方块等来表示,其中直线段代表杆状构件,小方块代表块状构件。各种构件的表示方法见表2-1。

表 2-1　构件的表示方法

杆、轴类构件	
固定构件	
同一构件	
两幅构件	
三幅构件	

(三)平面机构运动简图

机构中实际构件的形状往往很复杂。在研究机构运动时,为了使问题简化,需要将与运动无关的构件外形和运动副具体构造撇开,仅将与运动相关的部分用简单线条和符号来表示构件和运动副,并按比例定出各运动副的位置。这种表明机构各构件间相对运动关系的简化图形,称为机构运动简图。

机构运动简图可以简明地表示出一部复杂机器的运动和动力的传递过程,还可以用于图解法求机构上各点的轨迹、位移、速度和加速度以及对机构进行受力分析。

(1)分析运动情况,找出原动件、从动件和机架。

(2)从原动件开始,按运动的传递顺序确定各运动副的类型、数目及构件的数目,并测出各运动副间的相对位置尺寸。

(3)选择与机构中多数构件的运动平面相平行的平面作为绘制机构运动简图的投影面。

(4)选取适当的比例尺,$\mu_1 =$ 实际尺寸(m)/图上尺寸(mm)。

(5)用规定符号画出机构运动简图(从原动件开始画)。

作图时需注意:通常用阿拉伯数字表示出各构件;用大写英文字母表示出各运动副;用带箭头的圆弧或直线标明机构中的原动件及其运动形式;在构件边用斜线来标记固定构件(机架)。

二、案例解读

例 2-1 绘制如图 2-8(a)所示活塞泵的机构运动简图。

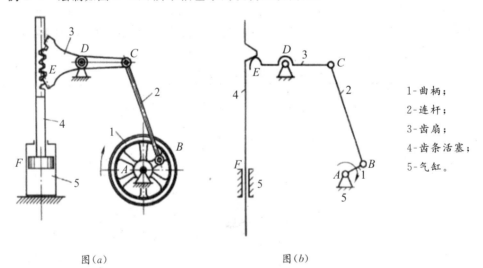

1-曲柄;
2-连杆;
3-齿扇;
4-齿条活塞;
5-气缸。

图(a)　　　　　　　图(b)

图 2-8　活塞泵及其机构运动简图

分析:

(1)活塞泵机构由曲柄 1、连杆 2、齿扇 3、齿条活塞 4 和气缸(机架)5 等五个构件通过转动副和移动副连接而成。曲柄 1 与机架 5 在点 A 连接,由驱动源带动曲柄绕点 A 转动,故曲柄 1 是原动件,2、3、4 是从动件,其中 4 为输出构件。当原动件 1 回转时,齿条活塞 4 在气缸 F 中做上下往复运动。

(2)从原动件开始,曲柄 1 和机架 5、连杆 2 和曲柄 1、齿扇 3 和连杆 2、齿扇 3 和机架 5 之间为相对转动,分别组成了 A、B、C、D 四个转动副;齿扇 3 的轮齿与齿条活塞 4 的齿之间组成平面高副 E;齿条活塞 4 与机架 5 之间为相对移动,组成移动副 F,如图 2-8(a)所示。

(3)当前朝向可看到多数构件的运动,因此选择当前平面作为投影面比较合适。

(4)根据绘图的图面大小,选取适当的作图比例。

(5)从曲柄(原动件)1 与机架 5 连接的转动副 A 开始,按照运动与动力传递的路径及相对位置关系依次画出各运动副和构件,构件用阿拉伯数字、运动副用大写英文字母标注,并用斜线标记固定构件(机架)。

最后,用带箭头的圆弧或直线标明原动件及其运动形式,即得到机构的运动简图,如图 2-8(b)所示。

三、学习任务

1.用不少于 200 字将你对本节知识点的理解进行梳理。

2.对教师讲过的案例进行分析。

3.用本节所学内容,绘制下列图示机构运动简图。

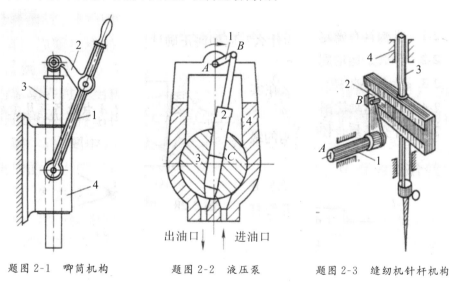

题图 2-1 唧筒机构   题图 2-2 液压泵   题图 2-3 缝纫机针杆机构

第二节 平面机构的自由度

一、理论要点

(一)平面机构的自由度的计算

机构的自由度是指机构中的各构件相对于机架所具有的独立运动数目。显然,机构的自由度与组成机构的构件数目与运动副的类型及数目有关。

如前所述,任意一个作平面运动的自由构件具有三个自由度。当两个构件组成运动

副之后,构件间的相对运动受到约束,相应的自由度数减少。运动副类型不同,失去的自由度数目即引入的约束数目也就不同;每个低副使构件失去两个自由度,即引入了两个约束;每个高副使构件失去一个自由度,即引入了一个约束。每个平面机构的自由度数目与约束数目之和恒等于3。

设某平面机构中共有 n 个活动构件(机架不动,不计算在内),若各构件彼此没有通过运动副相连接,那么这 n 个活动构件就具有 $3n$ 个自由度。若各构件彼此通过运动副相连接后,那么机构中各构件具有的自由度数随之减少。若机构中低副数为 P_L 个,高副数为 P_H 个,则运动副引入的约束总数为 $2P_L+P_H$。因此,活动构件的自由度总数减去运动副引入的约束总数就是机构自由度,以 F 表示,即

$$F=3n-2P_L-P_H \tag{2-1}$$

由公式可知,平面机构自由度 F 取决于活动构件的数目以及运动副的类型(低副或高副)和个数。

(二)机构具有确定运动的条件

有一个铰链五杆机构(见图 2-9),它具有 4 个活动构件,组成了 5 个转动副,且图中可以看出原动件数等于 1,然而机构的自由度 $F=3×4-2×5=2$。我们可以试着分析一下,当只给定原动件 1 的位置角时,从动件 2、3、4 的位置其实是不唯一确定的。只有使构件 1 和 4 都处于某个给定的位置,也就是有两个原动件时,才能使从动件 2 和 3 获得确定的唯一的运动规律。

有一个铰链四杆机构(见图 2-10),具有 3 个活动构件,组成 4 个转动副,原动件有 2 个,但是这个机构的自由度 $F=3×3-2×4=1$,如果让 1 和 3 都给定一个运动规律,也就是两个的运动规律都要同时满足,那么构件 2 该听从 1 还是 3 呢?这样一来,往往机构中最薄弱的环节会先被破坏,例如将杆 2 拉断,也可能是杆 1 或杆 3 折断等。

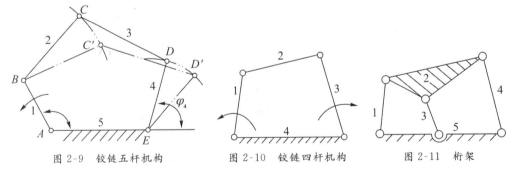

图 2-9 铰链五杆机构   图 2-10 铰链四杆机构   图 2-11 桁架

还有一种情况是桁架(见图 2-11)。它的自由度 $F=3×4-2×6=0$,说明它是各构件之间不可能产生相对运动的刚性桁架。

综上所述,机构具有确定的运动条件是:机构自由度 $F>0$,且等于原动件数。

(三)计算平面机构自由度的注意事项

在计算机构的自由度时,如遇到以下几种情况时必须加以注意,否则将会出现结果与机构的实际运动不吻合的情况。

1. 复合铰链

两个以上的构件在同一处以转动副相连接,所构成的运动副称为复合铰链。如图 2-12(a)所示,有三个构件 1、2、3 在 A 处汇交成复合铰链;图 2-12(b)所示为它的俯视图,可以看出这三个构件在 A 处形成两个转动副。以此类推,K 个构件汇交而成的复合铰链有(K-1)个转动副。

在计算机构自由度时,应注意正确地识别复合铰链,以免把转动副的个数算错。

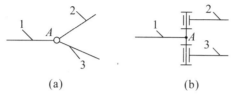

(a)   (b)

图 2-12　复合铰链

2. 局部自由度

机构中常出现一种与输出构件运动无关的自由度,称为局部自由度或多余自由度,在计算机构自由度时应予以排除。可以把中间的转动副去除,将滚子和从动杆件看成同一个构件。例如,图 2-13(b)所示。

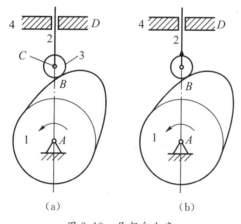

(a)   (b)

图 2-13　局部自由度

3. 虚约束

在运动副引入的约束中,有些约束对机构自由度的影响是重复的,这种重复而对机构运动不起独立限制作用的约束称为虚约束或消极约束。在计算机构的自由度时应将虚约束除去不计。

虚约束是构件间几何尺寸满足某些特殊条件的产物。平面机构中的虚约束常出现在下列场合。

(1)两个构件之间组成多个移动副,且导路相互平行或重合时,如不考虑构件的受力,仅从运动方面考虑,其中只有一个移动副起约束作用,其余都是虚约束,如图 2-14(a)所示机构的导路平行和如图 2-14(b)所示机构的导路重合中,D、E 两个移动副中,其中之一是虚约束。

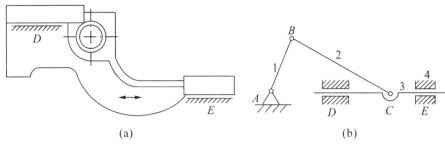

(a)　　　　　　　　　　　　　　　(b)

图 2-14　移动副虚约束

(2)两个构件之间组成多个转动副,且轴线重合时,其中只有一个转动副起约束作用,其余都为虚约束。如图 2-15 所示两个轴承支撑一根轴,该机构的 A、B 两个转动副中,其中之一是虚约束。

(3)两个构件之间组成多个高副,且各高副接触点处公法线重合时,只考虑一处高副引入的约束,其余都为虚约束,如图 2-16 所示,该机构的 A、B 两个高副中,其中之一是虚约束。

(4)机构中对运动不起限制作用的对称部分,其对称部分可视为虚约束。如图 2-17 所示的行星轮系中,中心轮 1 通过对称布置的三个完全相同的行星齿轮 2、2′ 和 2″ 驱动内齿轮 3,其中有两个行星齿轮对传递运动不起独立作用是虚约束。此处采用三个完全相同的行星轮对称结构,其目的是改善构件的受力。

在计算机构的自由度时,需认真分析机构中是否存在虚约束,应先排除虚约束后,再进行自由度计算。

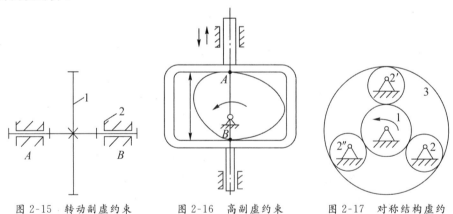

图 2-15　转动副虚约束　　　图 2-16　高副虚约束　　　图 2-17　对称结构虚约

二、案例解读

例 2-2　试计算图 2-18 所示钢板剪切机传动系统的自由度。

解:由图可知,机构中有五个活动构件 $n=5$,B 处是三个构件汇交成的复合铰链,有两个转动副,O、A、C 各处分别有一个转动副,滑块 5 与机架 6 之间组成一个移动副,故低副个数 $P_L=7$,高副个数 $P_H=0$。由式(2-1)得机构的自由度

$$F=3n-2P_L-P_H=3\times5-2\times7-0=1$$

该机构的自由度与原动件数相等,故具有确定的运动。当原动件 1 转动时,滑块 5 沿机架 6 作上下移动。

— 12 —

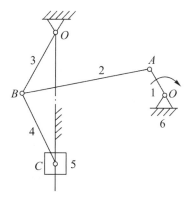

图 2-18　钢板剪切机

例 2-3　试计算图 2-19(a)所示大筛机构的自由度。

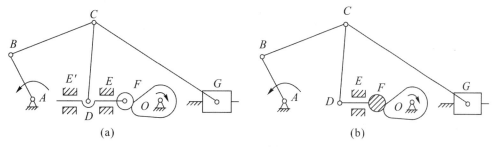

(a)　　　　　　　　　(b)

图 2-19　大筛机构

解:机构中的滚子有一个局部自由度;顶杆与机架在 E 和 E',组成 2 个导路平行的移动副,其中之一为虚约束;C 处是复合铰链。现将滚子与顶杆焊成一体,去掉移动副 E',并在 C 点的转动副记为 2 个,如图 2-19(b)所示。此时,$n=7$,$P_L=9$(7 个转动副,2 个移动副),$P_H=1$。由式(2-1)得机构的自由度

$$F=3n-2P_L-P_H=3\times7-2\times9-1=2$$

该机构具有两个原动件,且原动件数与机构自由度相等,故该机构的运动是确定的。

三、学习任务

1.对教师讲过的案例进行分析。

2.用本节所学内容,计算下列图示机构的自由度。若有复合铰链、局部自由度或虚约束应明确指出,并判断机构的运动是否确定(图中绘有箭头的构件为原动件)。

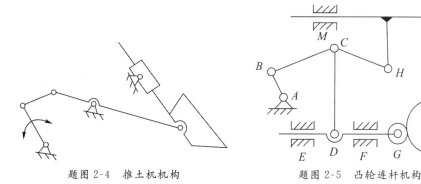

题图 2-4　推土机机构　　　题图 2-5　凸轮连杆机构

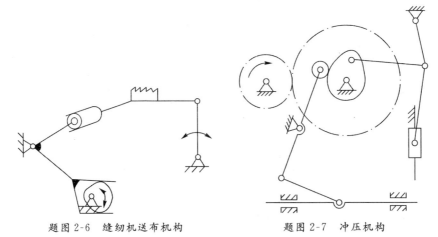

题图 2-6 缝纫机送布机构   题图 2-7 冲压机构

3.请写出在学习本章内容过程中形成的"亮考帮"。

第三章　平面连杆机构

在生产实际中,机器运转的条件各不相同,对机器运动的要求也是多种多样的。平面连杆机构能实现多种运动规律和运动轨迹,且结构简单、易于制造、工作可靠,在工农业机械和工程机械中都有广泛应用。

让我们来看看,平面连杆机构有什么工作特性,不同类型之间如何演化,以及如何设计它们。

第一节　平面连杆机构的类型和应用

一、理论要点

(一)平面连杆机构的有关概念

铰链四杆机构

平面连杆机构是指在同一平面或相互平行平面内的由若干刚性构件用低副(转动副、移动副)连接组成的机构,又称平面低副机构。

所有运动副均为转动副的平面四杆机构称为铰链四杆机构,它是平面四杆机构的基本形式。图 3-1 所示的铰链四杆机构中,固定构件 4 为机架,直接与机架相连的构件 1 和 3 为连架杆,不直接与机架相连的构件 2 称为连杆。若组成转动副的两构件能作整周相对转动,则称该转动副为整转副,如转动副 A、B;否则称为摆动副,如转动副 C、D。能绕其轴线做整周回转,且与机架组成整转副的连架杆称为曲柄,如构件 1;仅能绕其轴线在小于 360°范围内往复摆动,且与机架组成摆动副的连架杆称为摇杆,如构件 3。

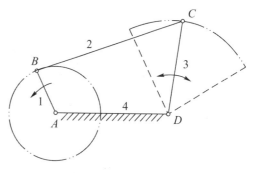

图 3-1　铰链四杆机构
1、3-连架杆-实物简图;2-连杆;4-机架。

(二)平面四杆机构的基本类型

1.曲柄摇杆机构

在铰链四杆机构中,若两个连架杆中一个为曲柄,另一个为摇杆,则此铰链四杆机构称为曲柄摇杆机构(见图 3-1)。若以曲柄为原动件驱动摇杆,则将曲柄的整周转动转换成摇杆的往复摆动;若以摇杆为原动件,情况恰好相反。

2.双曲柄机构

在铰链四杆机构中,若两个连架杆均为曲柄,则此铰链四杆机构称为双曲柄机构,如图 3-2 所示。双曲柄机构可以将原动件的匀速转动转变为输出件的变速转动。

1-机架;
2、4-曲柄;
3-连杆。

双曲柄机构

图 3-2 双曲柄机构

在双曲柄机构中,若两对边构件长度相等且平行,则称为平行四边形机构。如图 3-3 所示。该机构具有两个重要的特性:一是从动曲柄和主动曲柄以相同角速度转动;二是连杆作平动。

若两杆长度相等,但彼此不平行,则称为反平行四边形机构,如图 3-4 所示。该机构的特点是两曲柄的转向相反。

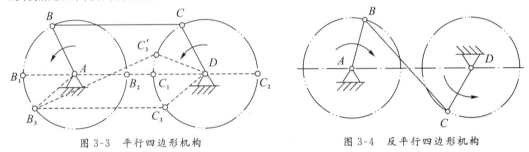

图 3-3 平行四边形机构   图 3-4 反平行四边形机构

3.双摇杆机构

在铰链四杆机构中,若两连架杆均为摇杆,则此铰链四杆机构称为双摇杆机构,如图 3-5 所示。

对于双摇杆机构,若两摇杆长度相等,则称为等腰梯形机构。

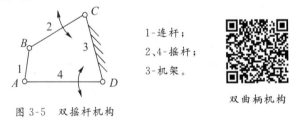

1-连杆;
2、4-摇杆;
3-机架。

双曲柄机构

图 3-5 双摇杆机构

二、案例解读

学习了平面连杆机构的有关概念及基本类型,要求识别机构的类型并分析其运动情况。

案例 3-1　雷达天线的俯仰机构,如图 3-6 所示。

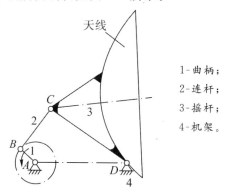

图3-6　雷达天线的俯仰机构

1-曲柄;
2-连杆;
3-摇杆;
4-机架。

分析:该机构为曲柄摇杆机构。曲柄 1 缓慢匀速转动,通过连杆 2 使天线(摇杆)3 在一定角度范围内摆动,从而调整雷达天线俯仰角的大小。

案例 3-2　缝纫机脚踏驱动机构,如图 3-7 所示。

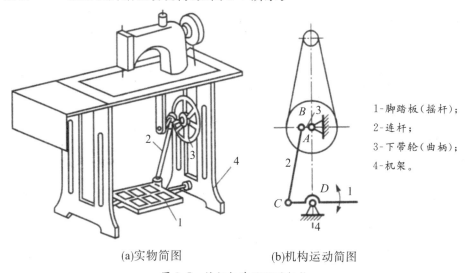

1-脚踏板(摇杆);
2-连杆;
3-下带轮(曲柄);
4-机架。

(a)实物简图　　　　　(b)机构运动简图

图 3-7　缝纫机脚踏驱动机构

分析:它是以摇杆为原动件的曲柄摇杆机构。脚踏板(摇杆)1 做往复摆动,通过连杆 2 使下带轮 3(固定在曲柄上)转动。图 3-7(b)为该机构的运动简图。

案例 3-3　惯性筛机构,如图 3-8 所示。

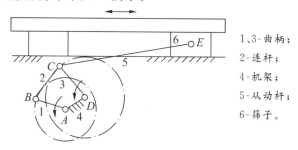

图 3-8　惯性筛机

1、3-曲柄;
2-连杆;
4-机架;
5-从动杆;
6-筛子。

分析:该机构为双曲柄机构。当主动曲柄 1 做匀速转动时,从动曲柄 3 做变速转动,再

通过从动杆 5 使筛子 6 具有更大的加速度,从而实现物料的分离。

案例 3-4 飞机起落架收放机构,如图 3-9 所示。

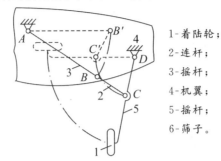

1-着陆轮;
2-连杆;
3-摇杆;
4-机翼;
5-摇杆;
6-筛子。

图 3-9 飞机起落架收放机构

分析:该机构为双摇杆机构。飞机着陆前,需要将着陆轮 1 从机翼 4 中推放出来(图中实线所示);起飞后,为了减小空气阻力,又需要将着陆轮收入翼中(图中虚线所示)。这些动作是由原动摇杆 3,通过连杆 2、从动摇杆 5 带动着陆轮来实现的。

三、学习任务

1.用不少于 200 字对本节知识点进行梳理。

2.对教师讲过的案例进行分析。

3.举例并分析几个生活中见到的平面连杆机构。

第二节　平面四杆机构的演化

一、理论要点

(一)将转动副演化成移动副

如图 3-10(a)所示的曲柄摇杆机构中,当曲柄 1 转动时,摇杆 3 上的 C 点的轨迹为以 D 为圆心、l_{CD} 为半径的圆弧。若将摇杆 3 改为图 3-10(b)所示的圆弧滑块,并使其沿着圆弧滑道 mm 滑行,则铰链 C 点的运动轨迹不变,即机构的运动特性不变。当摇杆 3 长度越长时,曲线 mm 就越平直,当摇杆 3 趋于无限长时,mm 将成为一条直线,这时圆弧滑道变成直线滑道,转动副 D 演化成移动副,摇杆演化成做直线运动的滑块,铰链四杆机构演化成为曲柄滑块机构,如图 3-10(c)所示。该图中滑块移动导路到曲柄回转中心 A 之间的距离 e 称为偏距。如果 e 不为零,称为偏置曲柄滑块机构;如果 e 等于零,则称为对心曲柄滑块机构,如图 3-10(d)所示。

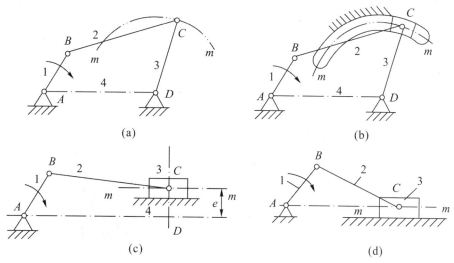

(a)

(b)

(c)

(d)

图 3-10 曲柄摇杆机构演化为曲柄滑块机构

1-曲柄;2-连杆;3-摇杆(滑块);4-机架。

(二)变更机架

如图 3-11(a)所示的曲柄滑块机构,通过取其不同的构件为机架可以得到不同的机构,如图 3-11(b)(c)(d)所示。演化后的机构都具有能在滑块中做相对移动的构件(导杆),因此称它们为导杆机构。

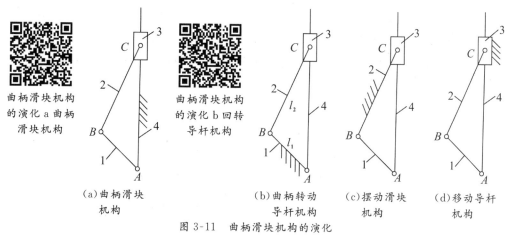

曲柄滑块机构的演化a曲柄滑块机构

曲柄滑块机构的演化b回转导杆机构

(a)曲柄滑块机构

(b)曲柄转动导杆机构

(c)摆动滑块机构

(d)移动导杆机构

图 3-11 曲柄滑块机构的演化

(1)曲柄转动导杆机构。如图 3-11(a)所示的曲柄滑块机构,若改取杆 1 为机架,即得图 3-11(b)所示的导杆机构。滑块 3 相对导杆 4 滑动并一起绕 A 点转动,通常取杆 2 为原动件。当 $l_1 < l_2$ 时,两连架杆 2 和 4 均可相对于机架 1 整周回转,称为曲柄转动导杆机构或转动导杆机构。

(2)摆动滑块机构(摇块机构)。若改取杆 2 为机架,即得图 3-11(c)所示的摆动滑块机构或称摇块机构。

(3)移动导杆机构(定块机构)。若改取滑块 3 为机架,即得图 3-11(d)所示的移动导杆机构或称定块机构。

(三)变更杆长

如 3-11(b)所示的曲柄转动导杆机构中,杆 1 为机架,$l_1<l_2$,若改变杆长,使 $l_1>l_2$,如图 3-12 所示,则连架杆 4(导杆)只能往复摆动,曲柄转动导杆机构演化为曲柄摆动导杆机构(摆动导杆机构)。

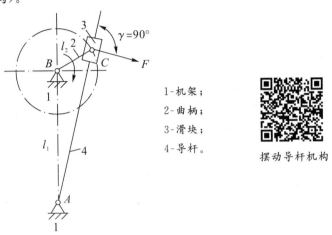

1-机架;
2-曲柄;
3-滑块;
4-导杆。

摆动导杆机构

图 3-12　摆动导杆机构

(四)扩大转动副

在图 3-13(a)所示的曲柄摇杆机构中,如果将曲柄 1 端部的转动副 B 的半径加大到超过曲柄 1 的长度 AB,便得到如图 3-13(b)所示的机构。此时,曲柄 1 变成了一个以 B 为几何中心、A 为回转中心的偏心轮。A、B 之间的距离 e 称为偏心距,即原曲柄的长度。

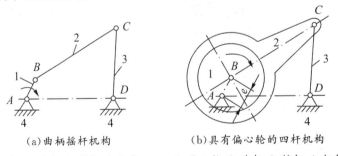

(a)曲柄摇杆机构　　　　　　　(b)具有偏心轮的四杆机构

1-曲柄;2-连杆;3-摇杆;4-机架。　　1-偏心轮;2-连杆;3-摇杆;4-机架。

图 3-13　曲柄摇杆机构演化为具有偏心轮的四杆机构副

二、案例解读

学习了平面连杆机构的演化,要求识别演化后的机构类型并分析其运动情况。

案例 3-5　货车车厢自动翻转卸料机构,如图 3-14 所示。

分析:该机构属于摆动滑块导杆机构(摇块机构),由曲柄滑块机构演化而来。当油缸 3 中的压力油推动活塞杆 4 运动时,车厢 1 便绕转动副中心 B 倾斜,当达到一定角度时,物料就自动卸下。

案例 3-6　抽水唧筒机构,如图 3-15 所示。

分析:该机构属于移动导杆机构(定块机构),由曲柄滑块机构演化而来。当扳动手柄 1 时,活塞 4 便在筒体 3 内做往复运动,从而完成抽水和压水的工作。

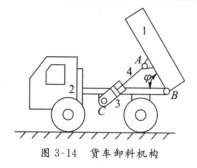

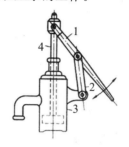

图 3-14　货车卸料机构

图 3-15　抽水唧筒机构

1-车厢;2-车身(机架);3-油缸;4-活塞杆。　1-手柄;2-连杆;3-唧筒筒体(机架);4-活塞。

三、学习任务

1.对教师讲过的案例进行分析

2.回顾所学知识,归纳出具有一个移动副的四杆机构有哪些?它们是如何演化而来的?

第三节　平面四杆机构的工作特性

一、理论要点

(一)铰链四杆机构有整转副的条件

在如图 3-16 所示的曲柄摇杆机构中,各杆长度分别用 l_1、l_2、l_3、l_4 表示。因杆 1 为曲柄,故杆 1 与杆 4 的夹角 φ 的变化范围为 $0°\sim360°$;当摇杆 3 处于左、右极限位置时,曲柄与连杆两次共线,故杆 1 与杆 2 的夹角 β 的变化范围也是 $0°\sim360°$;摇杆 3 与相邻两杆的夹角 ψ、γ 的变化范围小于 $360°$。为了实现曲柄 1 整周回转,AB 杆必须顺利通过与连杆共线的两个位置 AB' 和 AB''。

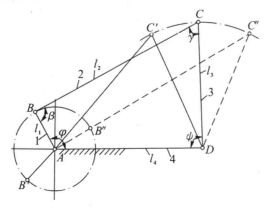

图 3-16　铰链四杆机构有整转副的条件

当杆 1 处于 AB' 位置时,形成 $\triangle AC'D$。根据三角形任意两边之和必大于(极限情况下等于)第三边的定理可得

$$l_4 \leqslant (l_2 - l_1) + l_3 \tag{3-1}$$

及

$$l_3 \leqslant (l_2 - l_1) + l_4 \tag{3-2}$$

当杆 1 处于 AB'' 位置时,形成 $\triangle AC'D$。可写出以下关系式:

$$l_1 + l_2 \leqslant l_3 + l_4 \tag{3-3}$$

将式(3-1)、式(3-2)、式(3-3)两两相加,经简化后可得

$$l_1 \leqslant l_2 , l_1 \leqslant l_3 , l_1 \leqslant l_4$$

它表明杆 1 为最短杆,在杆 2、杆 3、杆 4 中有一杆为最长杆。

因此,铰链四杆机构中转动副 A 为整转副的条件是:

(1)最短杆与最长杆长度之和小于或等于其余两杆长度之和,此条件称为杆长条件;

(2)整转副是由最短杆与其邻边组成的。

以上两个条件也称为平面铰链四杆机构曲柄存在的必要条件。要判断具有整转副的铰链四杆机构是否存在曲柄,还应考虑机架的选取:

(1)最短杆为机架时,机架上有两个整转副,故得双曲柄机构。

(2)取最短杆的邻边为机架时,机架上只有一个整转副,故得曲柄摇杆机构。

(3)取最短杆的对边为机架时,机架上没有整转副,故得双摇杆机构。

如果铰链四杆机构中的最短杆与最长杆长度之和大于其余两杆长度之和,则该机构中不存在整转副,无论取哪个构件作为机架都只能得到双摇杆机构。

(二) 急回运动特性

1.急回特性

在某些从动件做往复运动的平面连杆机构中,若从动件回程的平均速度大于工作行程的平均速度,则称该机构具有急回特性。

2.极位与极位夹角

如图 3-17 所示的曲柄摇杆机构,当曲柄与连杆两次共线时,摇杆处于左、右两个极限位置(DC_1 和 DC_2),简称极位,两极位之间的摆角为 ψ。此时,对应曲柄的一个位置与另一个位置的反向延长线间所夹的角度称为极位夹角 θ。

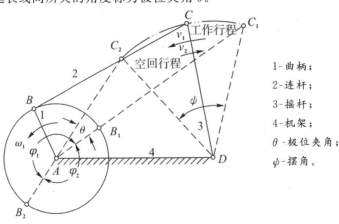

1-曲柄;
2-连杆;
3-摇杆;
4-机架;
θ-极位夹角;
ψ-摆角。

图 3-17 曲柄摇杆机构的急回特性

3.行程速度变化系数 K

行程速度变化系数(或称行程速比系数)K 是为了表明急回运动的程度而引入了的概念,它等于回程的平均速度 v_2 与工作行程的平均速度 v_1 之比,即

$$K=\frac{v_2}{v_1}=\frac{C_1C_2/t_2}{C_1C_2/t_1}=\frac{t_1}{t_2}=\frac{\varphi_1}{\varphi_2}=\frac{180°+\theta}{180°-\theta} \tag{3-4}$$

其中,t_1、t_2 分别为从动摇杆工作行程和回程所花的时间。φ_1、φ_2 为从动摇杆工作行程和回程中对应的曲柄转过的角度。

上式表明,θ 与 K 之间存在一一对应关系,因此,机构的急回特性也可用 θ 角来表征。θ 越大,K 越大,急回运动的特性也越显著。

实际设计机械时,往往给定行程速度变化系数 K 值,需先根据 K 值求出极位夹角 θ,再设计杆长。极位夹角为

$$\theta=180°\frac{K-1}{K+1} \tag{3-5}$$

(三)压力角和传动角

如图 3-18 所示的曲柄摇杆机构,若不计各杆质量和运动副中的摩擦,当主动件运动时,通过连杆作用于从动件上的力 F 是沿 BC 方向的。此力的方向线与该力作用点处的绝对速度 v_c 之间所夹的锐角称为压力角。

在连杆机构设计中,为了度量方便,通常以压力角的余角 γ 来衡量机构的传力性能,γ(即连杆和从动件之间所夹的锐角)称为传动角。γ 越大,机构传力性能越好;反之 γ 越小,机构传力越费劲,传动效率越低。

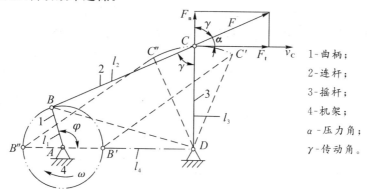

图 3-18　连杆机构的压力角和传动角

在机构的运动过程中,其传动角 γ 的大小是时刻变化的,为了保证机构正常工作,设计时必须规定最小传动角 γ_{min} 的下限。对于一般机械,通常取 $\gamma_{min}\geqslant40°$;对于高速和大功率如颚式破碎机、冲床等的传动机械,可取 $\gamma_{min}\geqslant50°$;对于小功率的控制机构和仪表,可取 γ_{min} 略小于 40°。

(四)死点位置

机构处于传动角为零的位置称为死点位置。如图 3-19 所示的曲柄摇杆机构中,以摇杆 CD 为原动件,而曲柄 AB 为从动件,则当摇杆摆到极限位置 C_1D 和 C_2D 时,连杆 BC 与曲柄 AB 共线,若不计各杆的质量、惯性力和运动副的摩擦力,则这时连杆加给曲柄的力

将经过铰链中心 A，此力对点 A 不产生力矩，因此不能使曲柄转动。此时从动件的传动角 $\gamma=0°$（即 $\alpha=90°$）。

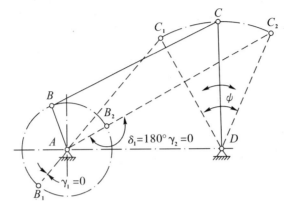

图 3-19 铰链四杆机构的死点

死点位置会使机构的从动件出现卡死或运动的不确定现象，这对传动机构来说是不利的，应采取措施使其顺利通过。通常采取的措施有：

（1）对从动曲柄施加外力；

（2）加装飞轮，或利用从动件自身的惯性，使之闯过死点；

（3）采用多组相同机构错位排列。

但若以夹紧、增力为目的，则机构的死点位置可以加以利用。

二、案例解读

案例 3-7 试分析曲柄摇杆机构在什么情况下没有急回特性。

分析：连杆机构有无急回运动特性，完全取决于极位夹角 θ。当极位夹角 $\theta=0°$ 时，行程速度变化系数 $K=1$，机构没有急回运动特性。

解：在曲柄摇杆机构 $ABCD$ 中，设曲柄 AB 为主动件，BC 为连架杆，摇杆 CD 为从动件，AD 为机架，摇杆 CD 的摆角为 ϕ。机构无急回特性时，极位夹角 $\theta=0°$，即 CD 处于两极限位置时，AB_1C_1 和 AB_2C_2 共线，如图 3-20 所示。

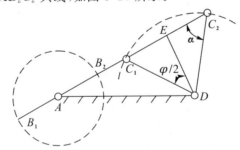

图 3-20 $\theta=0°$ 时曲柄摇杆机构的极限位置

案例 3-8 试分析曲柄摇杆机构的最小传动角 γ_{min} 出现的位置。

解：如图 3-18 所示，设机构中各杆的长度分别为 l_1、l_2、l_3、l_4，在 $\triangle ABD$ 和 $\triangle CBD$ 中，由余弦定理可得

$$BD^2=l_1^2+l_4^2-2l_1l_4\cos\varphi$$

$$BD^2=l_2^2+l_3^2-2l_2l_3\angle BCD$$

由此可得

$$\cos\angle BCD = \frac{l_2^2 + l_3^2 - l_1^2 - l_4^2 + 2l_1l_4\cos\varphi}{2l_2l_3} \tag{3-6}$$

当 $\varphi = 0°$ 时，$\angle BCD$ 出现最小值$(\angle BCD)_{min}$，此值也是传动角的一个极小值；当 $\varphi = 180°$ 时，$\angle BCD$ 出现最大值$(\angle BCD)_{max}$，若该角是钝角，则其补角 $180° - (\angle BCD)_{max}$ 应为 γ 的另一极小值。γ 的两个极小值中最小的一个即为机构的最小传动角 γ_{min}。

综上所述，曲柄摇杆机构的最小传动角 γ_{min} 必出现在曲柄与机架共线($\varphi = 0°$ 或 $\varphi = 180°$)的位置。

案例 3-9　试分析如图 3-21 所示的连杆式快速夹具机构是如何利用死点位置来夹紧工件的。

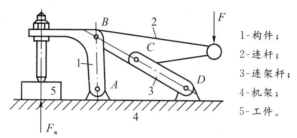

1-构件；
2-连杆；
3-连架杆；
4-机架；
5-工件。

图 3-21　利用死点工作的夹具

分析：在连杆 2 上的手柄处施以作用力 F，使连杆 2 和连架杆 3 成一直线，机构处于死点位置，这时构件 1 的左端夹击工件 5。外力 F 撤出后，此时工件加在构件 1 上的反作用力 F_n 无论多大，也不能使连架杆 3 转动，因此，工件仍处在被夹紧的状态。当需要取出工件时，只需向上扳动手柄，即能松开夹具。

三、学习任务

1. 用不少于 200 字对本节的知识点进行梳理。
2. 是否任意的曲柄滑块机构都具有急回特性？举例说明。
3. 列举几个生产生活中避开死点及利用死点位置的机构。

第四节　平面四杆机构的设计

一、理论要点

平面四杆机构设计的内容，主要是根据已知给定的条件来选择合适的四杆机构形式，确定出各构件的尺寸，并作出机构的运动简图。有时为了使机构设计的可靠、合理，还应考虑几何条件和动力条件(如最小传动角 γ_{min})等。

平面四杆机构的设计可以归纳为两种类型：

(1)按照给定从动件的运动规律(位置、速度、加速度)设计四杆机构，即位置设计；

(2)按照给定点的运动轨迹设计四杆机构，即轨迹设计。

四杆机构设计的方法有图解法、解析法和实验法。本章主要介绍图解法，包括按照给定的行程速度变化系数 K 设计四杆机构和按给定连杆位置设计四杆机构。

二、案例解读

要求按照给定从动件的运动规律设计四杆机构。

案例 3-10 已知极位夹角 θ，摇杆长度 l_3、摆角，要求设计一曲柄摇杆机构。

分析：其设计的实质就是根据机构在极限位置的几何关系，确定铰链中心 A 点的位置，然后结合有关辅助条件求出其他三杆曲柄、连杆、机架的长度尺寸 l_1、l_2 和 l_4。

解：设计步骤如下：

（1）选取适当的作图比例尺。如图 3-22 所示，任选固定铰链中心 D 的位置，按摇杆长度 l_3 和摆角 ψ，作出摇杆两个极限位置 C_1D 和 C_2D，则 $\angle C_1DC_2=\psi$。

（2）连接 C_1 和 C_2，并过 C_1 点作 C_1M 垂直于 C_1C_2。

（3）作 $\angle C_1C_2N=90°-\theta$，$C_2N$ 与 C_1M 相交于 P 点，则 $\angle C_1PC_2=\theta$。

（4）作 $\triangle C_1C_2P$ 外接圆，在此圆周（弧 C_1C_2 和弧 EF 除外）上任取一点 A 作为曲柄的固定铰链中心。连 AC_1 和 AC_2，因同一圆弧上对应的圆周角相等，故 $\angle C_1AC_2=\angle C_1PC_2=\theta$。

（5）因为摇杆在极限位置时，曲柄与连杆共线，故 $AC_1=l_2-l_1$，$AC_2=l_2+l_1$，从而得曲柄长度 $l_1=(AC_2-AC_1)/2$，连杆长度 $l_2=(AC_2+AC_1)/2$。由图得 $AD=l_4$。

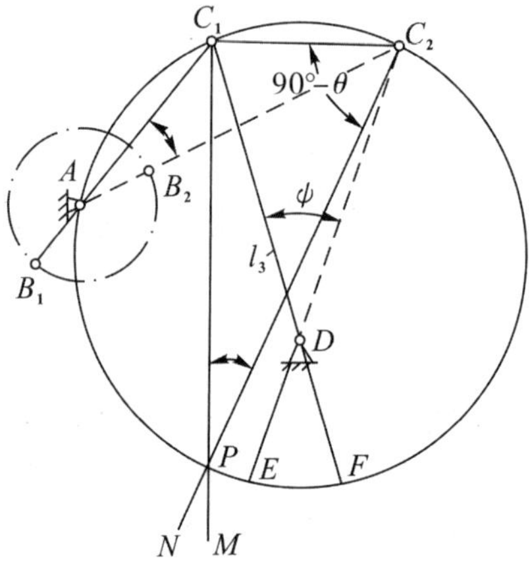

图 3-22 按 K 设计曲柄摇杆机构

由于 A 点是 $\triangle C_1C_2P$ 外接圆上任选的点，所以满足按给定的行程速度变化系数 K 设计的结果有无穷多个。但 A 点位置不同，机构传动角及曲柄、连杆和机架的长度也各不相同。为了使机构获得良好的传动性能，可按照最小传动角 γ_{min} 或其他辅助条件来确定 A 点的位置。

案例 3-11 已知摆动导杆机构中机架的长度 l_4 和行程速度变化系数 K，要求设计此摆动导杆机构。

分析：由图 3-23 可知，摆动导杆机构的极位夹角等于导杆的摆角 ψ，所需要确定的尺寸是曲柄的长度 l_1。

解：设计步骤如下：

（1）按式（3-5）求出极位夹角 θ，即

$$\theta=180°\frac{K-1}{K+1}$$

（2）任选固定铰链中心 C，以摆角 ψ 作出导杆两极限位置和。

（3）作摆角 ψ 的角平分线 AC，按选定的比例尺在线上取 $AC=l_4$，得到固定铰链中心 A 的位置。

（4）过点 A 作导杆极限位置的垂线 AB_1（或 AB_2），即得曲柄长度 $l_1=AB_1$。

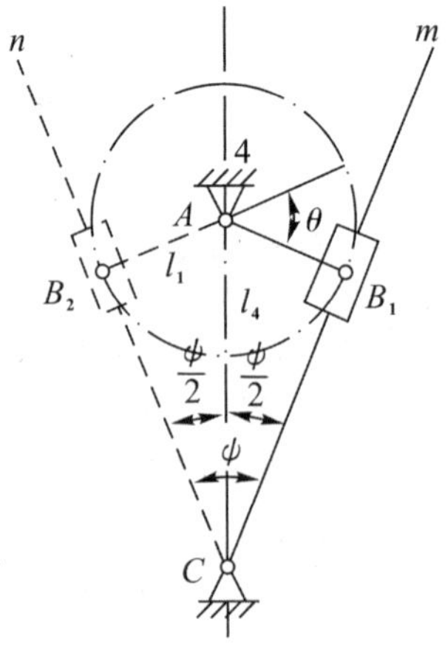

图 3-23 按 K 设计摆动导杆机构

要求按照给定的运动轨迹设计四杆机构。

案例 3-12　已知连杆 BC 长度及连续的三个位置（B_1C_1、B_2C_2、B_3C_3），如图 3-24 所示。要求设计此铰链四杆机构。

分析：设计的实质是要确定固定铰链中心 A、D 的位置，由于在铰链四杆机构中，活动铰链 B、C 的轨迹为圆弧，所以 A、D 应分别为其圆心。通过几何作图找到其圆心即可。

解：设计步骤如下：

（1）连接 B_1B_2、B_2B_3。作线 B_1B_2、B_2B_3 的垂直平分线，其交点即为固定铰链 A 的位置。

（2）同样连接 C_1C_2、C_2C_3。作线 C_1C_2、C_2C_3 的垂直平分线，其交点即为另一固定铰链 D 的位置。

（3）连接 AB_1、CD_1，可得所设计的四杆机构。

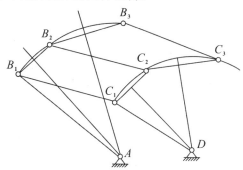

图 3-24　按给定连杆位置设计四杆机构

三、学习任务

1.对教师讲过的案例进行分析。

2.已知曲柄滑块机构的行程速度变化系数 K、行程 H 和偏心距，要求设计此曲柄滑块机构。

3.请写出学习本章内容过程中形成的"亮考帮"。

第四章　凸轮机构

　　凸轮是一种通过直接接触将运动传递给从动件的机械零件。相对于连杆机构,凸轮机构可以在更为紧凑的机械装置中将旋转运动转化为直线运动,且可使从动件严格按照预定规律变化,在高速度、高精度传动中,具有突出的优点,用途十分广泛,是最常用的机械结构之一。

　　让我们来看看,凸轮机构有什么类型,从动件常用的运动规律有哪些,在工程实际中如何根据所需的运动规律设计凸轮的轮廓形状。

第一节　凸轮机构的应用及分类

一、理论要点

(一)凸轮机构的应用、组成和特点

　　凸轮是一种具有曲线轮廓或凹槽的构件,它与从动件通过高副接触,使从动件获得连续或不连续的任意预期运动。

　　凸轮机构主要由凸轮 1、从动件 2 和机架 3 三个基本构件组成,如图 4-1 所示。

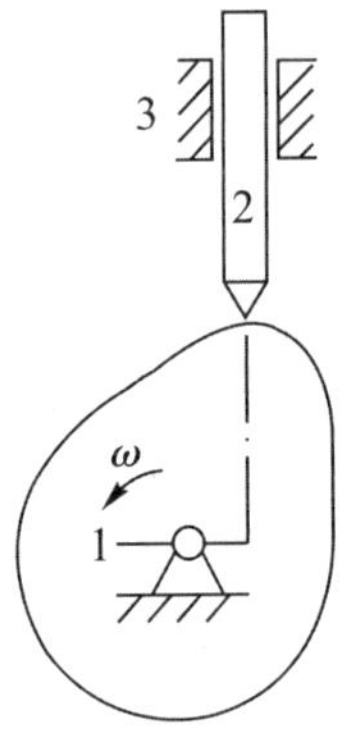

　　凸轮机构的优点为:只需设计适当的凸轮轮廓,便可使从动件得到所需的运动规律,并且结构简单、紧凑、设计方便。它的缺点是凸轮轮廓与从动件之间为点接触或线接触,易于磨损。

图 4-1　凸轮机构
示意图
1-凸轮;2-从动件;
3-机架。

(二)凸轮机构的分类

1.按凸轮的形状分

　　(1)盘形凸轮。如图 4-2(a)所示。这种凸轮是一个绕固定轴转动并且具有变化半径的盘形零件。它是凸轮的最基本形式。

　　(2)移动凸轮。如图 4-2(b)所示。当盘形凸轮的回转中心趋于无穷远时,凸轮相对机架作直线运动,这种凸轮称为移动凸轮。

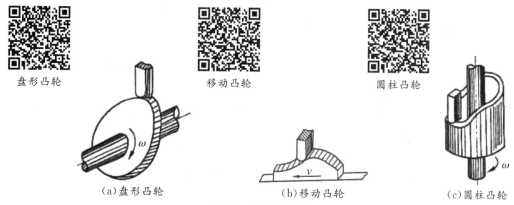

图 4-2　凸轮的类型

（3）圆柱凸轮。如图 4-2(c)所示。将移动凸轮卷成圆柱体即成为圆柱凸轮。

2.按从动件的形式分

（1）尖顶从动件。如图 4-3(a)所示。尖顶能与复杂的凸轮轮廓保持接触,因而能实现任意预期的运动规律。但尖顶与凸轮是点接触,磨损快,只适用于受力不大的低速凸轮机构。

（2）滚子从动件。如图 4-3(b)所示。在从动件前端安装一个滚子,即成滚子从动件。滚子和凸轮轮廓之间为滚动摩擦,耐磨损,可以承受较大载荷,是最常用的一种形式。

（3）平底从动件。如图 4-3(c)所示。从动件与凸轮轮廓表面接触的端面为一平面。这种从动件的优点是:当不考虑摩擦时,凸轮与从动件之间的作用力始终与从动件的平底相垂直,传动效率较高,且接触面易于形成油膜,利于润滑,常用于高速凸轮机构。

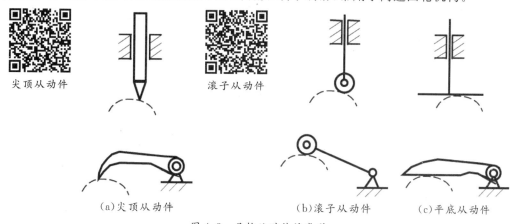

图 4-3　凸轮从动件的类型

二、案例解读

学习了凸轮机构的有关概念及基本类型,要求识别机构的类型并分析其运动情况。

案例 4-1　内燃机配气凸轮机构,如图 4-4 所示。

分析:该机构为平底从动件盘形凸轮机构。凸轮 1 以等角速度回转,它的轮廓驱使从动件 2(阀杆)按预期的运动规律启闭阀门。

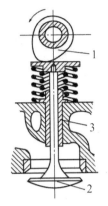

图 4-4　内燃机配气机构

1-凸轮；2-从动件(阀杆)；3-机架。

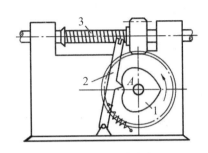

图 4-5　绕线机构

1-凸轮；2-从动件；3-绕线轴。

案例 4-2　绕线机中用于排线的凸轮机构,如图 4-5 所示。

分析:该机构为尖顶从动件盘形凸轮机构。当绕线轴 3 快速转动时,经齿轮带动凸轮 1 缓慢地转动,通过凸轮轮廓与尖顶 A 之间的作用,驱使从动件 2 往复摆动,因而使线均匀地缠绕在轴上。

三、学习任务

1.通过老师分享的案例,尝试归纳凸轮机构的命名规律。

2.指出下列凸轮机构的组成和所属类型,并分析其运动情况。

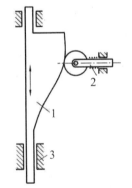

题图 4-1　冲床装卸料凸轮机构题

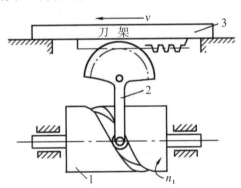

题图 4-2　自动车床的横向进给机构

第二节　从动件常用运动规律

一、理论要点

(一)基本概念

1.凸轮的基圆

图 4-6(a)所示为一尖顶直动从动件盘形凸轮机构,以凸轮轮廓曲线的最小向径 r_0 为

半径所作的圆称为基圆。

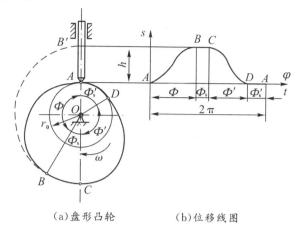

（a）盘形凸轮　　　　（b）位移线图

图 4-6　凸轮轮廓与从动件位移线图

2.推程与推程角

从动件处于图 4-6(a)所示位置时为其从开始上升的位置,简称初始位置。此时尖顶与凸轮轮廓上的点 A(基圆与轮廓曲线 AB 的连接点)接触,当凸轮以等角速度 ω 顺时针回转角度 Φ 时,向径渐增的轮廓 AB 将从动件尖顶以一定的运动规律推到离凸轮回转中心最远的点 B',这个过程称为推程。此过程从动件的位移 h(即为最大位移)称为升程,凸轮对应转过的角度 Φ 称为推程运动角。

3.远休止角

当凸轮继续回转 Φ_s 时,以点 O 为中心的圆弧 BC 与尖顶相接触,从动件在最远位置停止不动,其对应的凸轮转角 Φ_s 称为远休止角。

4.回程与回程角

凸轮再继续回转 Φ' 时,向径渐减的轮廓 CD 与尖顶接触,从动件从最远处以一定运动规律返回到初始位置,这个过程称为回程,其对应的凸轮转角 Φ' 称为回程运动角。

5.近休止角

当凸轮继续回转 Φ_s' 时,以点 O 为中心的圆弧 DA 与尖顶接触,从动件在最近位置停止不动,其对应的凸轮转角 Φ_s' 称为近休止角。

6.从动件的位移线图

从动件在运动过程中,其位移、速度和加速度随时间或凸轮转角变化而变化,如果以直角坐标系的纵坐标代表从动件的位移 s,横坐标代表凸轮转角 φ,则可画出从动件的位移 s 与凸轮转角 φ 之间的关系曲线,称为从动件位移线图。

（二）从动件常用运动规律

1.等速运动

当凸轮转动时,从动件在运动过程中的速度为一定值,这种运动规律称为等速运动规律。

如图 4-7 所示,从动件推程作等速运动时,其速度为常数,位移线图为一斜直线,从动件运动开始时,速度由零突变为 v_0,故此时 $a = +\infty$,从动件运动终止时,速度由 v_0 突变

为零,故理论上 $a = -\infty$,由此产生的巨大惯性力将引起强烈冲击,这种冲击称为刚性冲击。

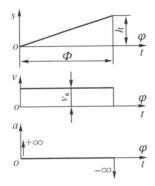

图 4-7　推程中等速运动规律的运动线图

2. 简谐运动

点在圆周上做匀速运动时,它在这个圆的直径上的投影所构成的运动称为简谐运动。因从动件的加速度按余弦规律变化,又称余弦加速度运动。

简谐运动规律位移线图的作图方法如图 4-8 所示。将从动件的行程 h 作为直径,在 s 轴上做半圆,将此半圆分成若干等份(如图为 6 等份),得 $1''$、$2''$、$\cdots$、$6''$ 的点,再把凸轮运动角 Φ 也分为相应等份,并做垂线 $11'$、$22'$、$\cdots$、$66'$,将半圆上的等分点投影到相应的垂线上得 $1'$、$2'$、$\cdots$、$6'$,用光滑曲线连接这些点,即可得到从动件的位移线图。

这种运动规律的从动件在行程的始点和终点加速度数值有突变,导致惯性力突然变化而产生冲击,因此处加速度的变化量和冲击都是有限的,这种冲击称为柔性冲击。当远近休止角均为零,且推程、回程均为简谐运动时,加速度无突变,因而也无冲击。

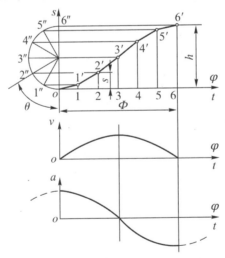

图 4-8　推程中简谐运动规律的运动线图

3. 正弦加速度运动

当滚圆沿纵轴等速滚动时,圆周上一点的轨迹为一条摆线,此时该点在纵轴上的投影所构成的运动称为摆线运动。因从动件的加速度按正弦规律变化,称之为正弦加速度运动。其位移线图如图 4-9 所示。

这种运动规律既无速度突变,也无加速度突变,没有任何冲击。但缺点是加速度最大值 a_{max} 较大,惯性力较大。

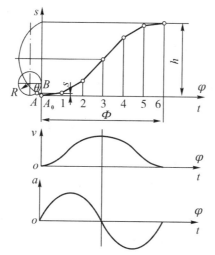

图 4-9 推程中正弦加速运动规律的运动线图

4. 等加速等减速运动规律

所谓等加速等减速运动,是指一个行程中,前半程做等加速运动,后半程做等减速运动,且加速度与减速度的绝对值相等。因此,做等加速和等减速运动时所经历的时间相等,各为 $T/2$;从动件的等加速和等减速运动中所完成的位移也必然相等,各为 $h/2$,凸轮以 ω 均匀转动的转角也各为 $\Phi/2$。等加速等减速运动规律的位移线图如图 4-10 所示。

由图 4-10 可知,等加速等减速运动在 O、A、B 三处加速度有突变,由此会产生柔性冲击;但其速度变化是连续的,因此不会产生刚性冲击。

为了克服单一运动规律的某些缺点,进一步提高传动性能,还可以采用多项式运动规律或上述几种运动规律的组合。

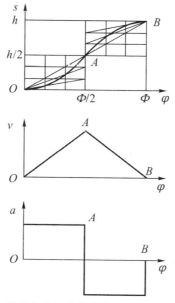

图 4-10 推程中等加速等减速运动规律的运动线图

二、案例解读

学习了常用的几种凸轮从动件运动规律及它们的组合,要求根据运动线图识别从动件运动规律,并分析其优点。

案例 4-3 组合运动规律 1,如图 4-11 所示。

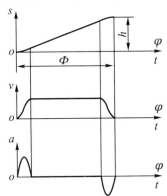

图 4-11 组合运动规律(1)

分析:该组合运动规律采用了等速运动和正弦加速度两种运动规律的组合。其优点是既保持了从动件大部分行程等速运动,又消除了开始和终止时的冲击。

案例 4-4 组合运动规律 2,如图 4-12 所示。

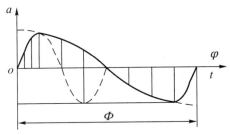

图 4-12 组合运动规律(2)

分析:该组合运动规律采用了余弦加速度和正弦加速度两种运动规律的组合,既消除了从动件的柔性冲击,又减小了余弦加速度的最大值。

三、学习任务

1.用不少于 200 字对本节知识点进行梳理。

2.已知凸轮机构如下图所示,试在图上:

①画出凸轮的理论廓线;

②标注凸轮的基圆半径 r_0;

③标出推程运动角 Φ;

④标出回程运动角 Φ';

⑤标出远休止角 Φ_s;

⑥标出近休止角 Φ_s';

⑦标出从动件的升程 h。

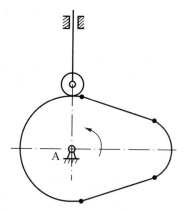

题图 4-3　滚子从动件盘形凸轮机构

3. 请写出学习本章内容过程中形成的"亮考帮"。

第五章　间歇运动机构

　　能产生有规律的停歇和运动的机构称为间歇运动机构,这类机构可以将原动件的连续回转运动或往复摆动转换为从动件的间歇回转运动或直线运动,在印刷、医药食品包装以及电子元器件组装等各种自动机械中得到广泛应用。

　　让我们来看看,各类常用的间歇运动机构有哪些特点,它们是如何运动的。

一、理论要点

(一)棘轮机构

1.棘轮机构的组成和工作原理

　　如图5-1所示,棘轮机构主要由棘轮3、主动棘爪2、止动棘爪4、主动摆杆1和机架组成。棘轮3固定在轴O_3上,其轮齿分布在棘轮的外缘。

　　棘轮机构的工作原理是:当主动摆杆1逆时针摆动时,摆杆上铰接的主动棘爪2插入棘轮3的齿内,推动棘轮3同向转动一定的角度,同时止动棘爪4在棘轮3是齿背上滑过;当主动摆杆1顺时针摆动时,止动棘爪4阻止棘轮3顺时针转动,棘轮3静止不动,同时主动棘爪2在棘轮3是齿背上滑过,回到原位。棘轮机构最终实现了将原动件连续往复摆动运动转换为棘轮的单向间歇运动。为了保证棘爪的工作可靠,常利用弹簧5使棘爪紧贴齿面。

2.棘轮机构的分类

　　(1)轮齿式棘轮机构。轮齿式棘轮机构的棘轮上分布有刚性的轮齿,轮齿大多分布在棘轮的外缘上,

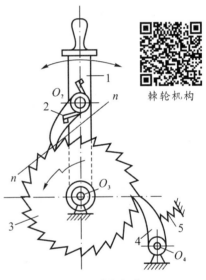

图5-1　棘轮机构
1-主动摆杆;2-主动棘爪;
3-棘轮;4-止动棘爪;5-弹簧。

成为外接棘轮机构(图5-1),也有分布在圆筒内缘上的,成为内接棘轮机构(图5-2),还有分布在端面上的,成为端面棘轮机构(图5-3)。当棘轮的直径为无穷大时,变为棘条(图5-4),此时棘轮的单向转动变为棘条的单向移动。

　　根据棘轮的运动方式又可分为单动式棘轮机构、双动式棘轮机构和可变向棘轮机构。

　　①单动式棘轮机构。如图5-1所示,其特点是主动摆杆向一个方向摆动时,棘轮沿同方向转过某个角度,而主动摆杆反向摆动时,棘轮静止不动。

　　②双动式棘轮机构。双动式棘轮机构如图5-5所示,其特点是主动摆杆在往复摆动的双向行程里,都能驱使棘轮朝单一方向转动,棘轮的转动方向不会改变。

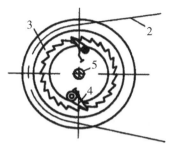

图 5-2　内接棘轮机构

1、3-链轮；2-链条；
4-棘爪；5-后轮轴。

图 5-3　端面棘轮机构

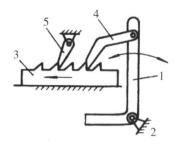

图 5-4　棘条机构

1-主动摆杆；2-机架；
3-棘条；4-主动棘爪；
5-止动棘爪。

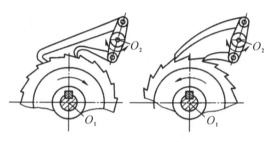

图 5-5　双动棘轮机构

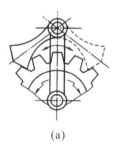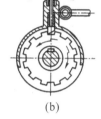

(a)　　　　(b)

图 5-6　可换向棘轮机构

③可变向棘轮机构。可变向棘轮机构如图 5-6 所示，图 5-6(a)中机构的特点是当棘爪在实线位置时，主动摆杆的往复摆动将使棘轮沿逆时针方向间歇转动；而当棘爪翻转到虚线位置时，主动摆杆的往复摆动将使棘轮沿顺时针方向间歇转动。图 5-6(b)中机构也是一种可变向棘轮机构，当棘爪在图示位置时，棘轮将沿逆时针方向间歇转动；若将棘爪提起并绕自身轴线旋转 180°后放下，则可改变棘轮的转动方向。

(2)摩擦式棘轮机构。如图 5-7 所示。它以偏心扇形楔块代替轮齿式棘轮中的棘爪，以无齿摩擦轮代替棘轮。当主动摆杆 1 逆时针方向摆动时，扇形块 2 楔紧摩擦轮 3 成为一体，使摩擦轮 3 也一起逆时针转动，这时止回扇形块 4 打滑；当主动摆杆 1 顺时针方向摆动时，扇形块 2 在摩擦轮 3 上打滑，这时止回扇形块 4 楔紧摩擦轮 3，防止倒转。这样当主动摆杆连续往复摆动时，摩擦轮 3 得到单向的间歇转动。

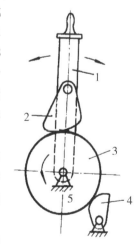

图 5-7　摩擦式棘轮机构

1-主动摆杆；2-扇形块；
3-摩擦轮；4-止回扇形块；

轮齿式棘轮机构结构简单，易于制造，运动可靠，棘轮转角容易实现有级调整，但棘爪在齿面滑过引起噪音和冲击，棘齿易磨损，在高速时就更为严重，所以轮齿式棘轮机构常用于低速、轻载的场合。

摩擦式棘轮机构传递运动较平稳，无噪音，从动件的转角可作无级调整，缺点是难以避免打滑现象，因此运动的准确性较差，不适合用于精确传递运动的场合。

(二)槽轮机构

1.槽轮机构的工作原理

槽轮机构如图5-8所示,它是由带有径向槽和锁止弧的槽轮2、带有圆销的拨盘1和机架组成。拨盘1作匀速转动时,可驱使槽轮2作间歇运动。当圆销进入径向槽时,拨盘上的圆销将带动槽轮转动。拨盘转过一定角度后,圆销将从径向槽中退出。为了保证圆销下一次能正确地进入径向槽内,槽轮的内凹锁止弧 $\overset{\frown}{efg}$ 被拨盘的外凸锁止弧 $\overset{\frown}{abc}$ 卡住,直到下一个圆销进入径向槽后才放开,这时槽轮又可随拨盘一起转动,即进入下一个运动循环。

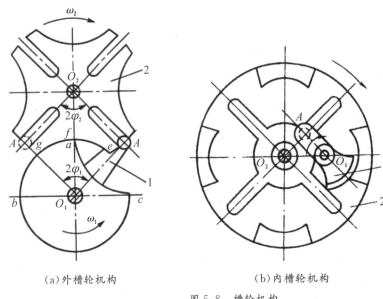

（a）外槽轮机构　　　　　　　　　（b）内槽轮机构

图 5-8　槽轮机构

1-拨盘;2-槽轮。

2.平面槽轮机构的分类

(1)外槽轮机构。如图5-8(a)所示,其槽轮上径向槽的开口是自圆心向外,主动构件与槽轮转向相反。

(2)内槽轮机构。如图5-8(b)所示,其槽轮上径向槽的开口是向着圆心的,主动构件与槽轮的转向相同。

槽轮机构构造简单,机械效率较高。由于圆销是沿圆周切向进入和退出径向槽的,所以槽轮机构运动平稳。

(三)不完全齿轮机构

如图5-9所示为不完全齿轮机构。这种机构的主动轮1为只有一个齿或几个齿的不完全齿轮,从动轮2由正常齿和带锁住弧的厚齿彼此相间地组成。当主动轮1的有齿部分作用时,从动轮2就转动;当主动轮1的无齿圆弧部分作用时,从动轮2停止不动,因而当主动轮连续转动时,从动轮2获得时转时停的间歇运动。为了防止从动轮在停歇期间游动,两轮轮缘上各设置有锁止弧。

不完全齿轮机构与其他机构相比,结构简单,制造方便,从动轮的运动时间和静止时间的比例可不受机构结构的限制。但由于齿轮传动为定传动比运动,所以从动轮从静止到转动或从转动到静止时,速度有突变,冲击较大,所以一般只用于低速或轻载场合。

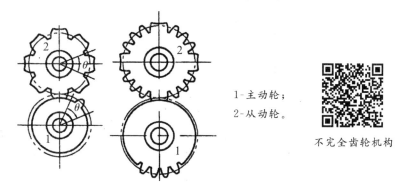

1-主动轮;
2-从动轮。

不完全齿轮机构

图 5-9　不完全齿轮机构

二、案例解读

学习了常用间歇运动机构,要求识别机构的类型并分析其工作原理。

案例 5-1　Z7105 钻孔攻丝机的转位机构,如图 5-10 所示。

分析:该机构为棘轮机构。蜗杆 1 经蜗轮 2 带动分配轴上的定位凸轮 3,使摆杆 4 上的定位块离开定位盘 5 上的 V 形槽,这时分度凸轮 6 推动杠杆 7 带动连杆 8,装在连杆 8 上的棘爪便推动棘轮 9 顺时针方向转动,从而使工作盘 10 实现转位运动。转位完毕,定位凸轮 3 和拉簧 11 使定位块再次插入定位盘 5 的 V 形槽中进行定位。

案例 5-2　超越棘轮棘爪机构,如图 5-11 所示。

分析:运动由蜗杆 1 传到蜗轮 2,通过装在蜗轮 2 上的棘爪 3 使棘轮 4 逆时针方向转动,棘轮与输出轴 5 固连,由此得到输出轴 5 的慢速转动。当需要输出轴 5 快速转动时,可逆时针转动手轮,这时由于手动速度大于由蜗轮蜗杆传动的速度,所以棘爪在棘轮上打滑,从而在蜗杆蜗轮继续转动的情况下,可用快速手动来实现超越运动。

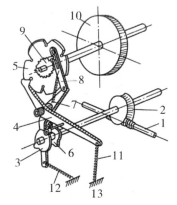

图 5-10　Z7105 钻孔攻丝机的转位机构

1-蜗杆;2-蜗轮;3-定位凸轮;4-摆杆;
5-定位盘;6-分度凸轮;7-杠杆;8-连杆;
9-棘轮;10-工作盘;11-拉簧。

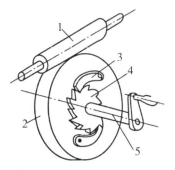

图 5-11　超越棘轮棘爪机构

1-蜗杆;2-蜗轮;3-棘爪;
4-棘轮;5-输出轴。

案例 5-3 电影放映机中的卷片机构,如图 5-12 所示。

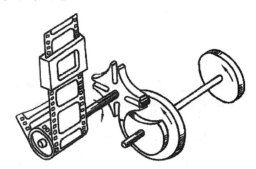

图 5-12 电影放映机卷片机构

解:槽轮上有四个径向槽,拨盘每转一周,圆柱销将拨动槽轮转过 1/4 周,胶片移过一副画面,并停留一定时间。从而实现影片的间歇移动,以适应人眼的视觉暂留现象。

三、学习任务

1.用不少于 300 字对本章知识点进行梳理。
2.对教师讲过的案例进行分析。
3.分析自行车后轮轴上的飞轮超越机构。

第六章　齿轮传动

　　齿轮机构广泛应用于各种机械设备和仪器仪表中,它的设计与制造水平会直接影响机械产品的性能和质量,在工业发展中具有突出的地位。

　　让我们来看看,各类齿轮机构有什么特点,渐开线齿轮是怎么形成的,直齿圆柱齿轮和斜齿圆柱齿轮是如何进行传动的,它们有哪些常用的结构形式。

第一节　齿轮机构及渐开线齿轮

一、理论要点

(一)齿轮机构的特点及分类

　　齿轮机构由主动齿轮、从动齿轮和机架等构件组成,两齿轮以高副相连,属高副机构。该机构广泛用于传递空间任意两轴间的运动和动力,其圆周速度可达到300m/s,具有传递功率大、效率高、传动比准确、能传递任意夹角两轴间的运动、使用寿命长、工作平稳、安全可靠等优点。其主要缺点是制造和安装精度要求较高,成本较高,不适于两轴间距离较远的传动。

1.按照轴线间相互位置、齿向和啮合情况

按照轴线间相互位置、齿向和啮合情况可作如下分类:

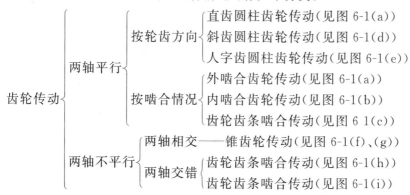

2.按照齿廓曲线的形状

按照齿廓曲线的形状齿轮传动可分为渐开线齿轮传动、摆线齿轮传动和圆弧齿轮传动等。

3.按照齿轮传动的工作条件

按照齿轮传动的工作条件齿轮传动可分为开式齿轮传动和闭式齿轮传动。在开式齿轮传动中,齿轮完全外露,易落入灰尘和杂物,不能保证良好的润滑,故齿面易磨损,常用

于低速或不重要的场合。在闭式齿轮传动中,齿轮封闭在箱体内.可以保证良好的润滑,适用于速度较高或重要的传动,应用广泛。

4.按齿面硬度

齿轮传动可分为硬齿面(硬度>350HBS)齿轮和软齿面(硬度≤350HBS)齿轮,前者应用广泛,后者主要用于强度、速度和精度要求都不高的场合。

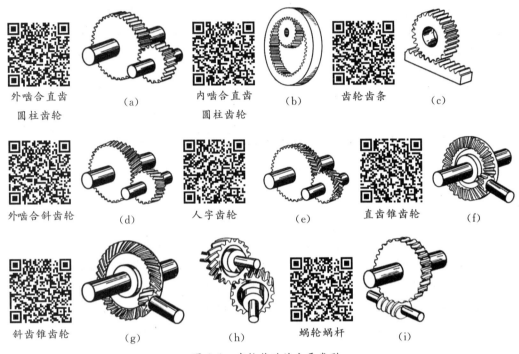

外啮合直齿
圆柱齿轮　(a)　　内啮合直齿
圆柱齿轮　(b)　　齿轮齿条　(c)

外啮合斜齿轮　(d)　　人字齿轮　(e)　　直齿锥齿轮　(f)

斜齿锥齿轮　(g)　　(h)　　蜗轮蜗杆　(i)

图 6-1　齿轮传动的主要类型

(二)齿廓啮合基本定律

相互啮合传动的一对齿轮,主动齿轮的瞬时角速度 w_1 与从动轮瞬时角速度 w_2 之比 w_1/w_2 称为两轮的传动比。工程实际中,对齿轮传动的基本要求之一是传动比保持不变。否则,当主动轮等角速度回转时,从动轮的角速度为变量,从而产生惯性力,影响齿轮传动的工作精度和平稳性,甚至可能导致轮齿过早失效。

齿轮机构的传动比是否恒定,直接取决于两轮齿廓曲线的形状。齿廓啮合基本定律就是研究当齿廓形状符合何种条件时,才能满足这一基本要求。

图 6-2 表示两相互啮合的齿廓 C_1、C_2 在 K 点接触,过 K 点作两齿廓的公法线 n-n,它与两轮连心线 O_1O_2 交于 P 点,称为节点。

设 w_1、w_2 分别为两轮的角速度,齿轮 1 驱动齿轮 2,两轮在 K 点的线速度分别为

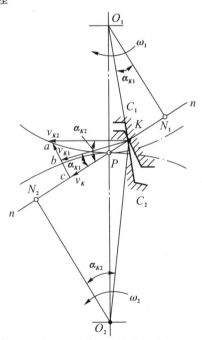

图 6-2　齿廓啮合基本定律

42

$$w_{K1}=w_1\,\overline{O_1K}\brace w_{K2}=w_2\,\overline{O_2K}\qquad(6\text{-}1)$$

两轮在 K 点啮合,则两轮齿啮合点在公法线 $n-n$ 上的分速度必须相等,即

$$v_{K1}\cos\alpha_{K1}=v_{K2}\cos\alpha_{K2}\qquad(6\text{-}2)$$

式中,α_{K1} 和 α_{K2} 分别为两齿廓在 K 点的压力角。

由式(6-1)、式(6-2)有

$$i_{12}=\frac{w_1}{w_2}=\frac{\overline{O_2K}\cos\alpha_{K2}}{\overline{O_1K}\cos\alpha_{K1}}\qquad(6\text{-}3)$$

由图 6-2 可得

$$i_{12}=\frac{w_1}{w_2}=\frac{\overline{O_2K}\cos\alpha_{K2}}{\overline{O_1K}\cos\alpha_{K1}}=\frac{\overline{O_2N_2}}{\overline{O_1N_1}}\qquad(6\text{-}4)$$

式(6-4)进一步化为

$$i_{12}=\frac{w_1}{w_2}=\frac{\overline{O_2N_2}}{\overline{O_1N_1}}=\frac{\overline{O_2P}}{\overline{O_1P}}\qquad(6\text{-}5)$$

式(6-5)表明,若使两齿轮的瞬时传动比恒定,则应使 P 点的位置恒定不变。两轮的中心距 O_1O_2 为定长,由此得出齿廓啮合基本定律:两轮齿廓不论在任何位置接触,若其啮合节点位置恒定,则两轮传动比恒定不变。

啮合节点在两轮运动平面上形成的轨迹曲线是两个相切圆,称为节圆,以 r_1' 和 r_2' 表示两节圆的半径,则两轮的传动比为

$$i_{12}=\frac{w_1}{w_2}=\frac{r_1'}{r_2'}\qquad(6\text{-}6)$$

凡能满足齿廓啮合基本定律的任意一对齿廓,称为共轭齿廓。齿轮机构中,常用的共轭齿廓有渐开线齿廓、摆线齿廓、圆弧齿廓等,其中以渐开线齿廓应用最广。因此,本章仅介绍渐开线齿廓的齿轮机构。

(三)渐开线齿廓的形成及特性

1.渐开线的形成

如图 6-3 所示,当直线 BK 沿半径为 r_b 的圆作纯滚动时,直线上任一点 K 的轨迹 AK 就是该圆的渐开线。这个圆称为渐开线的基圆,r_b 称为基圆半径,而该直线 BK 称为渐开线的发生线,角 θ_k 称为渐开线在 AK 段的展角。当以此渐开线作为齿轮的齿廓,并与其共轭齿廓在 K 点啮合时,则在该点所受正压力的方向(即法线方向)与速度方向之间所夹的锐角 α_k,称为 K 点的压力角。

2.渐开线的特性

(1)发生线沿基圆滚过的长度,等于基圆上被滚过的圆弧长度,即 $BK=\overset{\frown}{AB}$。

(2)渐开线上任意点的法线恒与基圆相切。发生线 BK 为渐开线上点 K 的法线,且发生线始终切于基圆,故渐

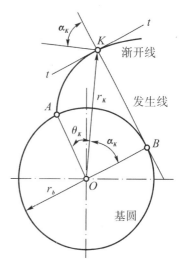

图 6-3　渐开线齿廓的形成

开线上任意点的法线一定是基圆的切线。

（3）发生线与基圆的切点 B 是渐开线在点 K 的曲率中心,而线段 BK 是渐开线在点 K 的曲率半径。渐开线上各点的曲率半径是不同的,K 点离基圆越远,曲率半径越大,渐开线越平缓。

（4）渐开线的形状取决于基圆的大小。基圆越大,渐开线越平直,基圆半径为无穷大时,渐开线为直线。齿条上的齿廓就是这种直线齿廓,见图6-4。

（5）渐开线是从基圆开始向外展开的,故基圆内无渐开线。

（6）渐开线上各点的压力角不相等,离基圆越远,压力角越大。

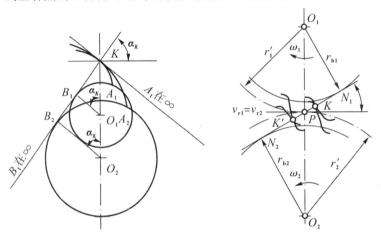

图 6-4　不同基圆上的渐开线　　　图 6-5　渐开线齿廓的啮合

(四)渐开线齿廓啮合的特点

1.四线合一

对于渐开线齿廓的齿轮传动,啮合线、过啮合点的公法线、基圆的公切线和正压力线重合,称为四线合一。

齿轮传动时,其齿廓啮合点的轨迹称为啮合线。如图6-5所示,一对渐开线齿廓在任意点 K 啮合,过 K 点作两齿廓的公法线 N_1N_2,该公法线就是两基圆的共切线。当两齿廓转到 K' 点啮合时,过 K' 点所作公法线也是两基圆的公切线。由于齿轮基圆的大小和位置均固定,两圆同方向的内公切线只有一条,所有公法线 n-n 是唯一的。因此不管齿轮在哪点啮合,公法线与连心线的交点 P 都为一定点,其传动比恒定不变。

2.啮合线为一直线,啮合角为一定值

渐开线齿廓的啮合线必与公法线 N_1N_2 相重合,所以啮合线为一直线。啮合线的直线性使得传递压力的方向保持不变。啮合线与两节圆公切线所夹的锐角称为啮合角,用 α' 表示,齿轮传动时啮合角不变。

3.中心距可分性

从图6-5中可知,$\triangle O_1PN_1 \backsim \triangle O_2PN_2$,所以两轮的传动比为

$$i_{12}=\frac{\omega_1}{\omega_2}=\frac{\overline{O_2P}}{\overline{O_1P}}=\frac{r_2}{r_1}=\frac{r_{b2}}{r_{b1}}=常数 \tag{6-7}$$

由式(6-7)可知渐开线齿轮的传动比是常数。齿轮一经加工完毕,基圆大小就确定

了,因此在安装时若中心距略有变化也不会改变传动比的大小,此特性称为中心距可分性。

(五)齿轮各部分名称和符号

图 6-6 所示为圆柱外齿轮的一部分,渐开线齿轮的各部分名称及符号如下:

(1)齿顶圆、齿根圆 过齿轮各轮齿顶部所作的圆称为齿顶圆,其半径用 r_a 表示,直径用 d_a 表示;过齿轮各齿槽底部所作的圆称为齿根圆,其半径用 r_f 表示,直径用 d_f 表示。

(2)齿厚、齿槽宽和齿距 在任意圆周上,轮齿两侧齿廓的弧线长度称为该圆周上的齿厚,用 s_k 表示;齿槽两侧齿廓的弧线长度称为该圆上的齿槽宽,用 e_k 表示;相邻两齿同侧齿廓之间的弧长称为该圆周上的齿距,用 p_k 表示。$p_k = s_k + e_k$。

(3)分度圆 在齿顶圆和齿根圆之间,取齿厚等于齿槽宽的圆作为基准圆,称为分度圆,其半径和直径分别用 r 和 d 表示。

(4)齿顶高、齿根高、齿全高 齿顶圆与分度圆之间的径向距离称为齿顶高,用 h_a 表示;齿根圆与分度圆之间的径向距离称为齿根高,用 h_f 表示;齿顶圆和齿根圆之间的径向距离称为齿全高,用 h 表示。

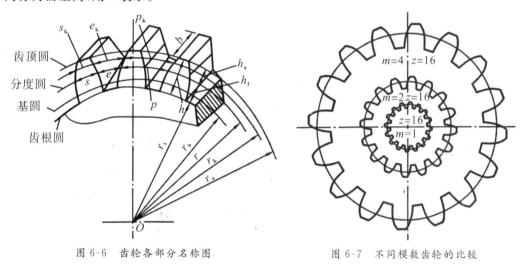

图 6-6 齿轮各部分名称图   图 6-7 不同模数齿轮的比较

(六)渐开线齿轮的基本参数

(1)齿数 在齿轮整个圆周上分布的轮齿总数称为齿数,用 z 表示。

(2)模数 人为地将 $\dfrac{p}{\pi}$ 规定为简单有理数并标准化,并把这个比值称为模数,用 m 表示,其单位为 mm,即 $m = \dfrac{p}{\pi}$ 或 $p = \pi m$ 于是得

$$d = mz \tag{6-8}$$

模数反映了轮齿及各部分尺寸的大小,m 越大 p 越大,轮齿的尺寸也越大,见图 6-7。我国已规定了齿轮模数的标准系列(表 6-1)。在设计齿轮时,m 必须取标准值。

表 6-1　渐开线齿轮的模数(GB 1357-87)

第一系列	1　1.25　1.5　2　2.5　3　4　5　6　8　10　12　16　20　25　32　40　50
第二系列	1.75　2.25　2.75　(3.25)　3.5　(3.75)　4.5　5.5　(6.5)　7　9　(11)　14　18　22　28　(30)　36　45

(3)压力角由图 6-3 可知渐开线齿廓在半径为 r_k 的圆周上的压力角为 $\alpha_k = \arccos \dfrac{r_b}{r_k}$，由此式可知，对于同一渐开线齿廓，$r_k$ 不同，α_k 不同，即渐开线齿廓在不同圆周上有不同的压力角。国家标准规定分度圆上的压力角值为 $\alpha = 20°$。

(4)齿顶高系数和顶隙系数用模数来表示轮齿的齿顶高和齿根高，则

$$h_a = h_a^* m \\ h_f = (h_a^* + c^*)m \tag{6-9}$$

式中：h_a^*、c^* 分别为齿顶高系数和顶隙系数。我国规定齿顶高系数和顶隙系数为标准值：

对于正常齿，$h_a^* = 1, c^* = 0.25$；

对于短制齿，$h_a^* = 0.8, c^* = 0.3$。

在一个齿轮的齿根圆柱面与配对齿轮的齿顶圆柱面之间留有间隙，称为顶隙，用 c 表示，$c = c^* m$。

综上所述，m、α、h^*、c^* 和 z 是渐开线齿轮几何尺寸的五个基本参数。

(七)标准齿轮的几何尺寸计算

所谓标准齿轮是指 m、α、h^* 和 c^* 均为标准值且的齿轮。渐开线标准齿轮的几何尺寸计算列于表 6-2 中。

表 6-2　标准直齿圆柱齿轮几何尺寸的计算公式

序号	名称	符号	计算公式 外啮合齿轮	计算公式 内啮合齿轮
1	齿顶高	h_a	$h_a = h_a^* m$	
2	齿根高	h_f	$h_f = (h_a^* + c^*)m$	
3	齿全高	h	$h = h_a + h_f$	
4	顶隙	c	$c = c^m$	
5	分度圆直径	d	$d = mz$	
6	基圆直径	d_b	$d_b = d\cos\alpha$	
7	齿顶圆直径	d_a	$d_a = (z + 2h_a^*)m$	$d_a = (z - 2h_a^*)m$
8	齿根圆直径	d_f	$d_f = (z - 2h_a^* - 2c^*)m$	$d_f = (z + 2h_a^* + 2c^*)m$
9	齿距	p	$p = \pi m$	
10	基圆齿距	p_b	$p_b = p\cos\alpha$	
11	齿厚	s	$s = \pi n/2$	
12	标准中心距	a	$a = (d_1 + d_2)/2$	$a = (d_1 - d_2)/2$

二、案例解读

例 6-1　现有一正常齿标准直齿圆柱齿轮，测得齿顶圆直径 $d_a = 134.8$ mm，齿数 z $= 25$。求齿轮的模数 m，分度圆上渐开线的曲率半径 ρ 及直径 $d_K = 130$ mm 圆周上渐开线的压力角 d_K。

解：

计算与说明		主要结果
求模数	由 $d_a = m(z+2)$ 得 $m = \dfrac{d_a}{z+2} = \dfrac{134.8}{25+2}$(mm) $= 4.99$(mm) 由表 6-1，取标准模数	$m = 5$(mm)
分度圆半径	$r = \dfrac{mz}{2} = \dfrac{5 \times 25}{2}$(mm)	$r = 62.5$(mm)
基圆半径	$r_b = r\cos\alpha = 62.5 \times \cos 20°$(mm)	$r_b = 58.731$(mm)
分度圆上渐开线曲率半径	$\rho = \sqrt{r^2 - r_b^2}$ $= \sqrt{62.5^2 - 58.731^2}$(mm)	$\rho = 21.376$(mm)
d_K 圆周上的压力角	$\alpha_K = \arccos\dfrac{r_b}{r_K} = \arccos\dfrac{58.731}{130/2}$	$\alpha_K = 25°22'15''$

例 6-2　一对标准直齿圆柱齿轮传动，齿数 $z_1 = 20$，传动比 $i = 3.5$，模数为 $m = 5$ mm，求两齿轮的分度圆直径、齿顶圆直径、齿根圆直径、齿距、齿厚及中心距。

解：

计算与说明		主要结果
大齿轮齿数	$z_2 = i_1 = 3.5 \times 20$	$z_2 = 70$
分度圆直径	$d_1 = m_1 = 5 \times 20$(mm) $d_2 = m_2 = 5 \times 70$(mm)	$d_1 = 100$(mm) $d_2 = 350$(mm)
齿顶圆直径	$d_{a1} = m(z_1 + 2) = 5 \times (20 + 2)$(mm) $d_{a2} = m(z_2 + 2) = 5 \times (70 + 2)$(mm)	$d_{a1} = 110$(mm) $d_{a2} = 360$(mm)
齿根圆直径	$d_{f1} = m(z_1 - 2.5) = 5 \times (20 - 2.5)$(mm) $d_{f2} = m(z_2 - 2.5) = 5 \times (70 - 2.5)$(mm)	$d_{f1} = 87.5$(mm) $d_{f2} = 337.5$(mm)
齿距	$p = \pi m = \pi \times 5$(mm)	$p = 15.708$(mm)
齿厚	$s = \dfrac{p}{2} = \dfrac{15.708}{2}$(mm)	$s = 7.854$(mm)
中心距	$a = \dfrac{m}{2}(z_1 + z_2) = \dfrac{5}{2} \times (20 + 70)$(mm)	$a = 225$(mm)

三、学习任务

1. 对教师讲过的案例进行分析。

2. 用本节所学内容,完成以下练习。

(1)已知一对外啮合标准直齿圆柱齿轮 $z_1=23$,$z_2=57$,$m=2.5mm$,试求该齿轮传动比、两轮的分度圆直径、齿顶圆直径、齿根圆直径、基圆直径、中心距、齿距、齿厚、齿槽宽。

(2)已知一标准直齿圆柱齿轮 $\alpha=20°$,$m=5mm$,$z=40$,试求其分度圆、基圆、齿顶圆上的渐开线齿廓的曲率半径和压力角。

(3)某传动装置中有一对渐开线标准直齿圆柱齿轮(正常齿),大齿轮已损坏,小齿轮的齿数 $z_1=24$,齿顶圆直径 $d_{a1}=78mm$,中心距 $a=135mm$,试计算大齿轮的主要几何尺寸及这对齿轮的传动比。

3. 请写出学习本节内容过程中形成的"亮考帮"。

第二节　标准直齿轮与斜齿圆柱齿轮传动

一、理论要点

(一)渐开线标准直齿轮的啮合传动

1.正确啮合条件

如图 6-8 所示为一对渐开线齿轮的啮合传动,其齿廓啮合点 K_1、K_2 都应在啮合线 N_1N_2 上。要使各对轮齿都能正确地在啮合线上啮合而不相互嵌入或分离,则当前一对齿在啮合线上的 K_1 点接触时,其后一对齿应在啮合啮合线上的另一点 K_2 接触。为了保证前后两对齿有可能同时在啮合线上接触,两轮相邻两齿间 $\overline{K_1K_2}$ 的长应相等,即相邻两齿同侧齿廓间法向齿距应相等。如果不等,当 $p_{n1}>p_{n2}$ 时,传动会短时间中断,产生冲击;当 $p_{n1}<p_{n2}$ 时,轮齿会卡住。由此可知,要使两齿轮正确啮合,则它们的法向齿距必须相等,即 $p_{n1}=p_{n2}$。渐开线齿轮的法向齿距等于基圆齿距,所以

$$p_{b1}=\frac{\pi d_{b1}}{z_1}=\frac{\pi d_1\cos\alpha_1}{z_1}=\frac{\pi n_1 z_1\cos\alpha_1}{z_1}=\pi n_1\cos\alpha_1$$

同理,$p_{b2}=\pi n_2\cos\alpha_2$,故 $m_1\cos\alpha_1=m_2\cos\alpha_2$。

此式说明:只要两轮的模数和压力角的余弦值之积相等,两轮即能正确啮合,但由于模数和压力角都是标准值,所以两轮正确啮合的条件为

$$\left.\begin{array}{l}m_1=m_1=m\\\alpha_1=\alpha_2=\alpha\end{array}\right\}$$

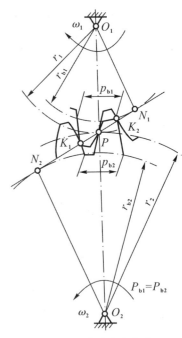

图 6-8　正确啮合的条件

由相互啮合齿轮模数相等的条件,可推出一对齿轮的传动比为

$$i_{12}=\frac{\omega_1}{\omega_2}=\frac{d_1'}{d_1'}=\frac{d_{b2}}{d_{b1}}=\frac{d_2}{d_1}=\frac{mz_2}{mz_1}=\frac{z_2}{z_1} \tag{6-10}$$

2.标准中心距

正确安装的一对齿轮在理论上应达到无齿侧间隙,否则啮合传动时就会产生冲击和噪音,反向啮合时会出现空行程,影响传动的精度。一对相啮合的标准齿轮,由于两轮的模数、压力角相等,且分度圆上的齿厚与齿槽宽相等,因此,当分度圆与节圆重合时便可满足无侧隙啮合。节圆与分度圆相重合的安装称为标准安装,此时的中心距称为标准中心距,用 a 表示。

$$a=r_1'+r_2'=r_1+r_2=\frac{1}{2}m(z_1+z_2)$$

显然,此时啮合角 α' 等于分度圆压力角 α。

由于齿轮制造和安装的误差、轴的变形以及轴承磨损等原因,两轮的实际中心距 a' 往往与标准中心距略有差异。此时两轮节圆与分度圆不重合,故 $a'\neq a$。由于渐开线齿轮中心距具有可分性,此时有 $a'\cos\alpha'=a\cos\alpha$。

由以上分析可知:节圆、啮合角是一对齿轮啮合传动时才存在的参数,单个齿轮没有,而分度圆、压力角则是单个齿轮所具有的几何参数。

3.重合度

如图 6-9 所示为一对渐开线直齿圆柱齿轮传动,设轮 1 为主动轮,轮 2 为从动轮,转动方向如图 6-9 所示。一对齿廓开始啮合时,主动轮的齿根推动从动轮的齿顶运动,开始啮合点是从动轮的齿顶圆与啮合线 N_1N_2 的交点 B_2。同理主动轮的齿顶圆与啮合线 N_1N_2 的交点 B_1 则为两轮齿廓开始分离点。线段 B_1B_2 为啮合的实际轨迹,称为实际啮合线。线段 N_1N_2 为理论上可能的最长啮合线段,称为理论啮合线段。

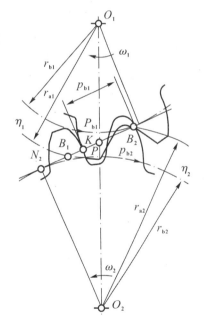

图 6-9　连续传动的条件

两齿轮在啮合传动时,若前一对轮齿尚未脱离啮合,而后一对轮齿就已进入啮合,则这种传动称为连续传动。要保证连续传动,后一对轮齿应在前一对轮齿啮合点 K 尚未到达啮合终点 B_1 时进入啮合开始点 B_2。因此连续传动的条件是 $\overline{B_1B_2}\geqslant\overline{B_2K}$,因 $\overline{B_2K}$ 等于法向齿距(即基圆齿距 p_b)。

通常将实际啮合线长度与基圆齿距之比称为齿轮的重合度,用 ε 表示,于是齿轮连续传动的条件为

$$\varepsilon=\frac{\overline{B_1B_2}}{p_b}\geqslant1 \tag{6-11}$$

ε 越大表示多对轮齿同时啮合的概率越大,齿轮传动越平稳。

(二)斜齿圆柱齿轮传动

1.齿廓曲面的形成

(1)直齿圆柱齿轮的齿廓形成。直齿圆柱齿轮的齿廓形成是在垂直于齿轮轴线的端面内进行的,实际上,如图 6-10(a)所示轮齿总是有一定的宽度,基圆应是基圆柱,发生线应是发生面,发生线上的 K 点就是一条直线 KK。当发生面沿基圆柱作纯滚动时,直线在空间形成的轨迹就是一个渐开面,即直齿轮的齿廓曲面。

(2)斜齿圆柱齿轮齿廓曲面的形成。斜齿圆柱齿轮齿廓曲面的形成原理与直齿圆柱齿轮相似,所不同的是发生面上的直线 KK 与基圆柱轴线成一夹角,如图 6-11(a)所示。当发生面沿基圆柱作纯滚动时,斜直线 KK 在空间形成的轨迹即为斜齿圆柱齿轮齿廓曲面。它与基圆的交线 AA 是一条螺旋线,夹角 β_b 称为基圆柱上的螺旋角。由于斜线 KK 上任一点的轨迹都是同一基圆上的渐开线,只是它们的起点不同,所以其齿廓曲面为渐开螺旋面。

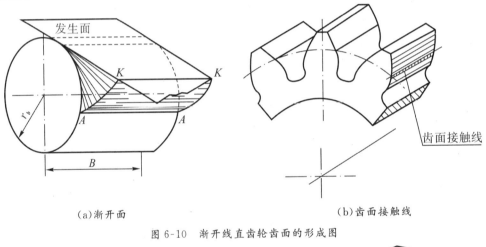

(a)渐开面　　　　　　　　　　　　　　(b)齿面接触线

图 6-10　渐开线直齿轮齿面的形成图

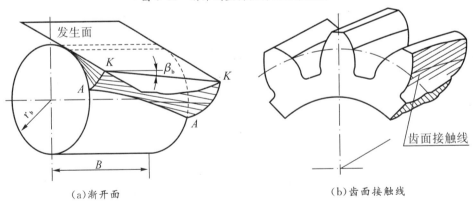

(a)渐开面　　　　　　　　　　　　　　(b)齿面接触线

图 6-11　渐开线斜齿轮齿面的形成

2.斜齿圆柱齿轮的基本参数

斜齿圆柱齿轮在不同的截面上,其轮齿的齿形不同。垂直于齿轮轴线的平面称为端(平)面,而垂直于轮齿螺旋线切线的平面称为法(平)面,则齿廓形状有端面和法面之分,因而斜齿轮的几何参数有端面和法面的区别。

(1)螺旋角。如图 6-12 所示为斜齿轮的分度圆柱及其展开图。图中螺旋线展开所得的斜直线与轴线之间的夹角称为分度圆柱上的螺旋角,简称螺旋角。螺旋角太小,不能充分显示斜齿轮传动的优点,而螺旋角太大,则轴向力太大,为此一般取为 $8°\sim12°$。

基圆柱面上螺旋角 β_b 与分度圆柱面上螺旋角 β 之间的关系为

$$\tan\beta_b = \tan\beta\cos\alpha_t \tag{6-12}$$

式中:α_t——斜齿轮端面压力角。

斜齿轮轮齿的旋向可分为右旋和左旋两种,当斜齿轮的轴线垂直放置时,其螺旋线左高右低的为左旋,反之为右旋。

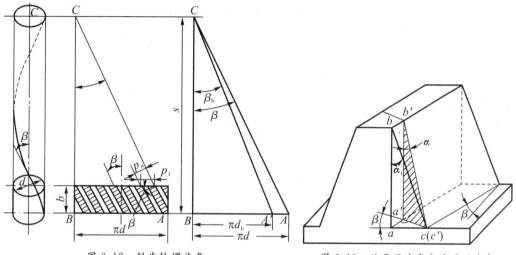

图 6-12　斜齿轮螺旋角　　　　　　图 6-13　端面压力角和法面压力角

(2)法面模数 m_n 和端面模数 m_t。由图 6-12 可得端面齿距与法面齿距有如下关系

$$p_n = m_t\cos\beta$$

将上式两边同除以 π 得法面模数 m_n 和端面模数 m_t

$$m_n = m_t\cos\beta \tag{6-13}$$

(3)法面压力角 α_n 和端面压力角 α_t。由图 6-13 可知 abc 为端面,$a'b'c'$ 为法面,由于 $\triangle abc$ 及 $\triangle a'b'c'$ 的高相等,于是由几何关系可知

$$ac/\tan\alpha_t = a'c/\tan\alpha_n$$

又,在 $\triangle aa'c$ 中,$a'c = ac\cos\beta$,于是有

$$\tan\alpha_n = \tan\alpha_t\cos\beta \tag{6-14}$$

(4)法面齿顶高系数 h_{an}^* 和端面齿顶高系数 h_{at}^*。由于斜齿轮的径向尺寸无论在法面还是在端面都不变,故其法面和端面的齿顶高与顶隙都相等,即

$$h_a = h_{at}^* m_t = h_{an}^* m_n = h_{an}^* m_t\cos\beta$$
$$c = c_n^* m_n = c_t^* m_t = c_n^* m_t\cos\beta$$

故

$$h_{at}^* = h_{an}^*\cos\beta$$
$$c_t^* = c_n^*\cos\beta$$

3.斜齿圆柱齿轮的正确啮合条件和几何尺寸计算

(1)正确啮合条件。一对外啮合斜齿轮正确啮合时,除了两齿轮的法向模数和法向压力角分别相等外,两齿轮的螺旋角还必须大小相等、方向相反,一齿轮为左旋,另一齿轮为右旋,即

$$\left. \begin{aligned} m_{n1} &= m_{n2} = m_n \\ \alpha_{n1} &= \alpha_{n2} = \alpha_n \\ \beta_1 &= \pm \beta_2 \end{aligned} \right\} \tag{6-15}$$

式中:"+"号表示内啮合,"-"号表示外啮合。

(2)几何尺寸计算。由于加工斜齿轮时,刀具是沿着齿槽方向(即垂直于法向的方向)进行切削的,所以斜齿轮以法面参数为标准值。法向模数 m_n、法向压力角 α_n、法向齿顶高系数 h_{an}^* 及法向顶隙系数 c_n^* 均为斜齿轮的基本参数,且为标准值: $h_{an}^* = 1, c_n^* = 0.25,$ $\alpha_n = 20°, m_n$ 符合表中的标准模数系列。渐开线标准斜齿圆柱齿轮主要几何尺寸计算公式如表 6-3 所示。

表 6-3　渐开线正常齿标准斜齿圆柱齿轮的几何尺寸计算

名称	符号	计算公式
齿顶高	h_a	$h_a = h_{an}^* m_n = m_n$
齿根高	h_f	$h_f = (h_{an}^* + c_n^*) m_n = 1.25 m_n$
齿全高	h	$h = h_a + h_f = 2.25 m_n$
分度圆直径	d	$d = m_t z = m_n z / \cos\beta$
基圆直径	d_b	$d_b = d \cos\alpha_t$
齿顶圆直径	d_a	$d_a = d + 2h_a$
齿根圆直径	d_f	$d_f = d - 2h_f$
中心距	a	$a = \dfrac{1}{2}(d_1 + d_2) = \dfrac{m_n}{2\cos\beta}(z_1 + z_2)$

4.斜齿圆柱齿轮的重合度

图 6-14(a)所示为斜齿轮与斜齿条在前端面的啮合情况,齿廓在 A 点进入啮合,在 E 点终止啮合。但从俯视图 6-14(b)上来分析,当前端面开始脱离啮合时,后端面仍在啮合区内。后端面脱离啮合时,前端面已达 H 点。所以,从前端面进入啮合到后端面脱离啮合,前端面走了 FH 段,故斜齿轮传动的重合度为

$$\varepsilon = \frac{FH}{p_t} = \frac{FG + GH}{p_t} = \varepsilon_t + \frac{b\tan\beta}{p_1} \tag{6-16}$$

式中: ε_t ——端面重合度,其值等于与斜齿轮端面齿廓相同的直齿轮传动的重合度;

$b\tan\beta / p_1$ ——轮齿倾斜而产生的附加重合度。

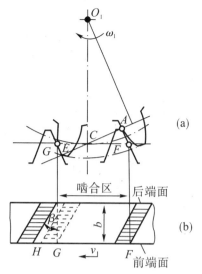

(a)

(b)

（a）前端面啮合情况　　（b）俯视图

图 6-14 斜齿轮传动的重合度

5.斜齿圆柱齿轮传动的特点

（1）斜齿轮齿面的接触线为斜直线,轮齿是逐渐进入啮合和逐渐退出啮合,故传动平稳,冲击和噪声小。

（2）由于斜齿圆柱齿轮重合度大,降低了每对轮齿的载荷,从而相对地提高了齿轮的承载能力,延长了齿轮的使用寿命。

（3）不发生根切的最少齿数比直齿轮要少,可获得更为紧凑的机构。

（4）斜齿轮传动在运转时会产生轴向推力。

如图 6-15 所示,其轴向推力为 $F_a = F_t\tan\beta$,所以螺旋角 β 越大,则轴向推力越大。

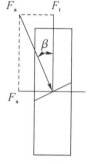

图 6-15 斜齿轮的轴向力

（三）齿轮结构设计及齿轮传动的润滑

1.常用的齿轮结构形式

（1）齿轮轴。当齿轮的齿根圆直径与相配轴直径相差很小时,可将齿轮与轴做成一体,称为齿轮轴,如图 6-16 所示。对钢制圆柱齿轮,其齿根圆至键槽底部的距离 $e \leqslant (2\sim2.5)m_n$ 时,便将齿轮与轴做成一体。

图 6-16 齿轮轴

（2）实体式齿轮。当齿轮的齿顶圆直径 $d_a \leqslant 200$mm,且 e 超过上述界限时,可采用实

体式齿轮,如图 6-17 所示。

(3)腹板式齿轮。当齿顶圆直径时,可采用腹板式结构,如图 6-18 所示。

(4)轮辐式齿轮。当齿顶圆直径的齿轮,采用轮辐式结构,如图 6-19 所示。

图 6-17　实体式齿轮　　　图 6-18　腹板式齿轮　　　图 6-19　轮辐式齿轮

2.齿轮传动的润滑

(1)浸油润滑。当齿轮的圆周速度 $v<12\text{m/s}$ 时,通常将大齿轮浸入油池中进行润滑,如图 6-20(a)所示,浸油深度约为 1~2 个齿高,速度高时取小值,但不应小于 10mm。在多级齿轮传动中,可采用带油轮将油带到未浸入油池的轮齿齿面上,如图 6-20(b)所示,同时并可将油甩到齿轮箱壁面上散热,使油温下降。

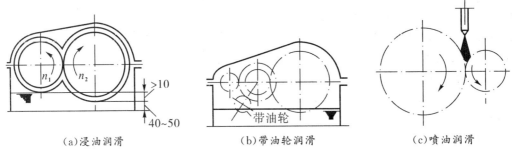

(a)浸油润滑　　　　　　　(b)带油轮润滑　　　　　　(c)喷油润滑

图 6-20　油池润滑和喷油润滑

(2)喷油润滑。当齿轮圆周速度 $v>12\text{m/s}$ 时,由于圆周速度大,齿轮搅油剧烈,会使黏附在齿廓面上的油被甩掉,因此,不宜采用浸油润滑,可采用喷油润滑,即用油泵将具有一定压力的油经喷油嘴喷到啮合的齿面上,如图 6-20(c)所示。

二、案例解读

例 6-4　设计一标准斜齿圆柱齿轮传动,已知传动比 $i=3.5$,法面模数 $m_n=2\text{mm}$,中心距 $a=90\text{mm}$。试确定这对齿轮的螺旋角 β 和齿数,计算分度圆直径、齿顶圆直径和齿根圆直径。

解：

计算与说明		主要结果
初选螺旋角	$\beta = 15°$	$z_2 = 70$
确定齿数	$a = \dfrac{m_n(z_1 + z_2)}{2\cos\beta}$ $z_1 = \dfrac{2a\cos\beta}{m_n(1+i)} = \dfrac{2 \times 90 \times \cos15°}{2 \times (1 + 3.5)} = 19.3$ $z_2 = iz_1 = 3.5 \times 19 = 66.5$	$z_1 = 19$ $z_2 = 67$
实际螺旋角	$\beta = \arccos\dfrac{(z_1 + z_2)m_n}{2a} = \arccos\dfrac{(19 + 67) \times 2}{2 \times 90}$	$\beta = 17°08'46''$
分度圆直径	$d_1 = \dfrac{m_n z_1}{\cos\beta} = \dfrac{2 \times 19}{\cos17°08'46''}(\text{mm})$ $d_2 = \dfrac{m_n z_2}{\cos\beta} = \dfrac{2 \times 67}{\cos17°08'46''}(\text{mm})$	$d_1 = 39.77(\text{mm})$ $d_2 = 140.23(\text{mm})$
齿顶圆直径	$d_{a1} = d_1 + 2m_n = 39.77 + 2 \times 2(\text{mm})$ $d_{a2} = d_2 + 2m_n = 140.23 + 2 \times 2(\text{mm})$	$d_{a1} = 43.77(\text{mm})$ $d_{a2} = 144.23(\text{mm})$
齿根圆直径	$d_{f1} = d_1 - 2.5m_n = 39.77 - 2.5 \times 2(\text{mm})$ $d_{f2} = d_2 - 2.5m_n = 140.23 - 2.5 \times 2(\text{mm})$	$d_{f1} = 34.77(\text{mm})$ $d_{f2} = 135.23(\text{mm})$

三、学习任务

1.对教师讲过的案例进行分析。

2.用本节所学内容，完成以下练习。

(1)已知一对斜齿圆柱齿轮传动，$z_1 = 18$，$z_2 = 36$，$m_n = 2.5\text{mm}$，$a = 68\text{mm}$，$a_n = 20°$，$h_{an}^* = 1$，$c_n^* = 0.25$。试求：①这对斜齿轮螺旋角 β；②两轮的分度圆直径 d_1，d_2 和齿顶圆直径 d_{a1}，d_{a2}。

(2)设一对斜齿圆柱齿轮传动的参数为：$m_n = 5\text{mm}$，$a_n = 20°$，$z_1 = 25$，$z_2 = 40$，试计算当 $\beta = 20°$ 时的下列值：①端面模数 m_t；②端面压力角 a_t；③分度圆直径 d_1，d_2；④中心距 a。

3.请写出学习本章内容过程中形成的"亮考帮"。

第七章　轮　系

在实际机械中,采用一对齿轮传动往往难以满足工作要求。例如在汽车后轮的传动中,汽车需要根据转弯半径的不同,使两个后轮获得不同的转速,这就要采用多对齿轮所组成的轮系来实现。

让我们来看看,轮系的基本类型有哪些,它们在生活与生产中有哪些应用,各类轮系的传动比如何计算。

第一节　轮系的类型及应用

一、理论要点

(一)轮系的类型

1.定轴轮系

轮系在转动时,各个齿轮轴线的位置都是固定不动的,如图7-1所示的轮系。

2.周转轮系

在图7-2所示的轮系在传动时,齿轮2(行星轮)的几何轴线绕齿轮1(中心轮)和构件的共同轴线转动,这种至少有一个齿轮的几何轴线绕另一个齿轮的几何轴线转动的轮系称为周转轮系。

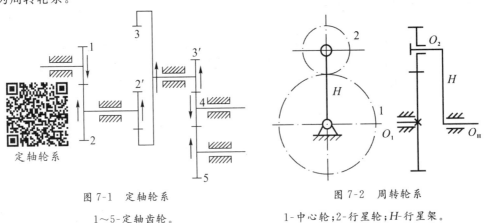

图 7-1　定轴轮系

1～5-定轴齿轮。

图 7-2　周转轮系

1-中心轮;2-行星轮;H-行星架。

3.复合轮系

在实际机构中,许多轮系既包含定轴轮系部分,又包括周转轮系部分,如图7-3(a)所示;或者是由几部分周转轮系组成的,如图7-3(b)所示,这种轮系称为复合轮系。

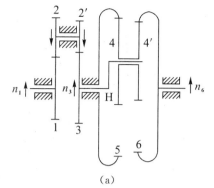

复合轮系

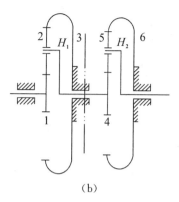

(a)

(b)

1~3-定轴齿轮；4、4′-行星轮；
5、6-中心轮；H-行星架。

1、3、4、6-中心轮；2、5-行星轮；
H_1、H_2-行星架。

图 7-3　复合轮系

(二)轮系的应用

1.实现分路传动

利用轮系可以使一个主动轴带动若干个从动轴同时旋转,并获得不同的转速。

2.实现换向传动

在主动轴转速和转向不变的情况下,利用轮系可以使从动轴获得不同的转向。

3.实现变速传动

在主动轴转速和转向不变的情况下,利用轮系可以使从动轴获得不同的转速。

4.实现大传动比

当需要较大传动比时,应采用轮系来实现。当要求传动比很大时,可以采用周转轮系。

5.实现运动分解与合成

差动轮系可以将两个输入运动合成一个输出运动,即运动的合成;也可以将一个输入运动分解为两个输出运动,即运动的分解。

6.实现较远距离传动

当主动轴和从动轴之间的距离较远时,如果仅用一对齿轮来传动,会使齿轮尺寸较大,此时可以采用轮系。

二、案例解读

学习了轮系的应用,试分析下列案例体现了轮系在哪一方面的应用?

案例 7-1　如图 7-4 所示为某航空发动机附件传动系统。

分析:航空发动机附件传动系统通过定轴轮系将主动轮的运动分成 6 路传出,带动各附件以不同的转速同时工作。该轮系实现了分路传动。

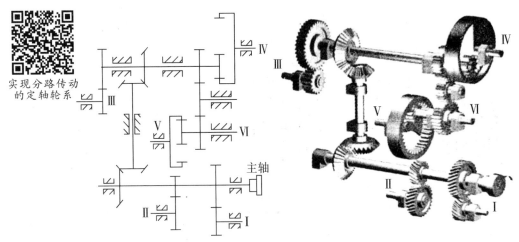

图 7-4　实现分路传动的定轴轮系

实现分路传动
的定轴轮系

案例 7-2　如图 7-5 所示为车床上走刀丝杆的三星轮换向机构。

分析：齿轮 2、3 铰接在刚性构件 a 上，构件 a 可绕轮 4 的轴线回转。在图 7-13(a)所示的位置时，主动轮 1 的运动经中间轮 2 及 3 传给从动轮 4，从动轮 4 与主动轮 1 转向相反；如转动构件 a，使处于图 7-13(b)所示的位置时，则齿轮 2 不参与传动，这时主动轮的运动就只经过中间轮 3 而传给从动轮 4，故从动轮与主动轮 1 的转向相同。该轮系可实现换向传动。

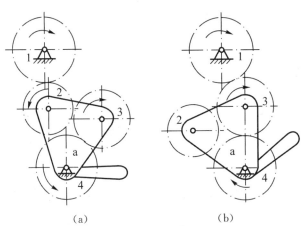

(a)　　　　　　　　(b)

图 7-5　走刀丝杆的三星轮换向机构

1-主动轮；2、3-中间轮；4-从动轮。

案例 7-3　如图 7-6 所示为 C616 车床变速箱的传动系统。

分析：电动机的动力由Ⅰ轴输入。通过移动Ⅰ轴上的双联滑移齿轮 1、齿轮 2，可以分别与Ⅱ轴上的齿轮 4、齿轮 5 啮合，对于Ⅱ轴可以获得两种转速；通过移动Ⅲ轴上的三联滑移齿轮 6、齿轮 7、齿轮 8，可以分别与Ⅱ轴上的齿轮 3、齿轮 4、齿轮 5 啮合，Ⅲ轴可以获得三种转速。因此，当电动机转速不变时，Ⅲ轴共可以获得六种不同的转速。该轮系可实现变速传动。

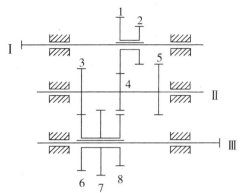

1、2-双联滑移齿轮；

3~5-齿轮；

6、7、8-三联滑移齿轮。

图 7-6　C616 车床变速箱的传动系统

案例 7-4(a)　如图 7-7 所示为定轴轮系，图中虚线部分为一对啮合的齿轮，实线部分为多对啮合齿轮组成的轮系。

分析：当两轴之间需要较大传动比时，若仅用一对齿轮传动，必将使两轮的尺寸相差悬殊，外廓尺寸庞大，如图 7-7 中虚线所示。而需要较大传动比时，就应采用轮系来实现，如图中实线所示。

案例 7-4(b)　如图 7-8 所示的周转轮系中，已知 $z_a=100$，$z_b=99$，$z_g=101$，$z_{g'}=100$。试计算传动比 i_{Ha}；若将由 $z_a=100$ 改为 $z_a=99$，而其他齿数不变，传动比 i_{Ha} 为多少？

分析：由 $i_{ab}^H = \dfrac{n_a - n_H}{n_b - n_H} = (-1)^2 \dfrac{z_g z_b}{z_a z_{g'}}$，$n_b = 0$，可得

$$i_{Ha} = \frac{n_H}{n_a} = \frac{1}{1 - \dfrac{z_g z_b}{z_a z_{g'}}} = \frac{1}{1 - \dfrac{101 \times 99}{100 \times 100}} = 10000$$

在前例中，若将由 $z_a=100$ 改为 $z_a=99$，而其他齿数不变，则

$$i_{Ha} = \frac{n_H}{n_a} = \frac{1}{1 - \dfrac{z_g z_b}{z_a z_{g'}}} = \frac{1}{1 - \dfrac{101 \times 99}{99 \times 100}} = -100$$

因此，同一种结构型式的周转轮系，当其一轮的齿数变动了一个齿，而轮系的传动比竟变动了 100 倍，并且传动比的符号也改变了。该案例说明采用周转轮系，可以使用很少的齿轮，紧凑的结构，得到很大的传动比。

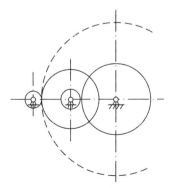

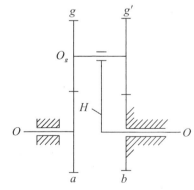

a、b—中心轮；

g、g′—行星轮；

H—行星架。

图 7-7　实现大传动比的定轴轮系图　　图 7-8　实现大传动比的周转轮系

案例 7-5　如图 7-9 所示为炼钢炉变速机构。

分析:其中齿轮 1、2 组成定轴轮系,a、b、g 和 H 组成周转轮系。若电动机 M_1 开动、M_2 制动,中心轮 b 静止,周转轮系为一行星轮系,将得到一个输出转速 n_{H1};若电动机 M_1 制动、M_2 开动,则中心轮 a 静止,周转轮系为另一行星轮系,输出转速为 n_{H2};若 M_1、M_2 同向转动,周转轮系为一差动轮系(中心轮 a、b 反向),输出转速为 n_{H3};若 M_1、M_2 反向转动,周转轮系为另一差动轮系(中心轮 a、b 同向),输出转速为 n_{H4}。这四种输出转速分别满足了不同的生产需求。炼钢炉变速机构的混合轮系可将两种不同的转速合成为一种转速。

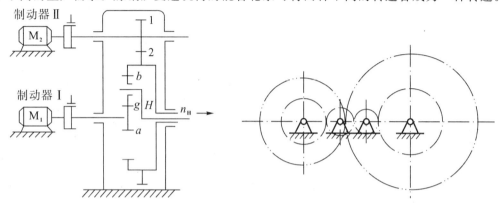

图 7-9　炼钢转炉变速机构　　　　图 7-10　相距较远的两轴传动

1、2-定轴齿轮;a、b-中心轮;g-行星轮;H-行星架。

案例 7-6　如图 7-10 所示为定轴轮系,双点画线部分为一对啮合的齿轮,单点画线部分为多对啮合齿轮组成的轮系。

分析:主动轮和从动轮间的距离较远时,如果仅用一对齿轮来传动,如图 7-10 中双点画线所示,齿轮的尺寸就很大,即占空间,又费材料,而且制造、安装都不方便。若改用轮系来传动,如图中单点画线所示,则大大改善上述缺点。该案例说明轮系可实现较远距离的传动。

三、学习任务

1.对本节知识点进行梳理,思考定轴轮系和周转轮系有何区别?

2.对本节讲到的案例进行分析。

3.列举分析 1 个轮系相关的具体案例。

第二节　定轴轮系传动比计算

一、理论要点

(一)一对齿轮的传动比

轮系的传动比则指轮系中首、末两个构件的角速度之比。轮系的传动比包括传动比的大小和首、末两构件的转向关系两方面的内容。

对于只有一对齿轮的轮系。设主动轮 1 的转速和齿数为 n_1、z_1,从动轮 2 的转速和齿

数为 n_2、z_2,其传动比大小为:

$$i_{12}=\frac{n_1}{n_2}=\frac{z_2}{z_1}$$

圆柱齿轮传动的两轮轴线互相平行,如图 7-11(a)所示的外啮合传动,两轮转向相反,传动比用负号表示;如图 7-11(b)所示的内啮合传动,两轮转向相同,传动比用正号表示。因此,两轮的传动比可写成:

$$i_{12}=\frac{n_1}{n_2}=\pm\frac{z_2}{z_1}$$

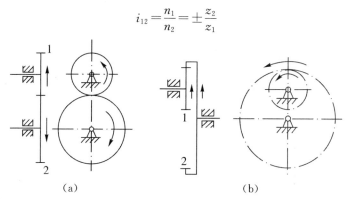

图 7-11 一对平行轴圆柱齿轮的转向关系

1-主动齿轮;2-从动齿轮。

两轮的转向关系也可在图上用箭头来表示,如图 7-11 所示。以箭头方向表示齿轮看得见一侧的运动方向。用相反的箭头(箭头相对或相背)表示外啮合时两轮转向相反,同向箭头表示内啮合转向相同。

(二)平面定轴轮系的传动比

如图 7-12 所示的平面定轴轮系中,齿轮 1 和 2 为一对外啮合圆柱齿轮;齿轮 2 和 3 为一对内啮合圆柱齿轮;齿轮 4 和 5、齿轮 6 和 7 又是两对外啮合圆柱齿轮。设齿轮 1 为主动轮(首轮),齿轮 7 为从动轮(末轮),则此轮系的传动比为

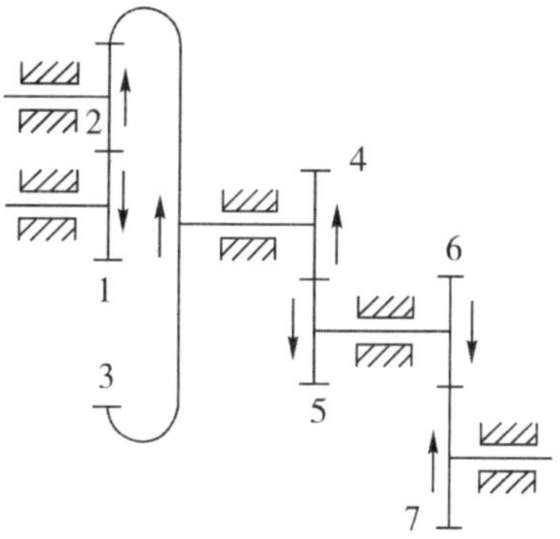

$$i_{17}=\frac{n_1}{n_7}$$

图 7-12 平面定轴轮系

轮系中各对啮合齿轮的传动比依次为

$$i_{12}=\frac{n_1}{n_2}=-\frac{z_2}{z_1},i_{23}=\frac{n_2}{n_3}=\frac{z_3}{z_2},$$

$$i_{45}=\frac{n_4}{n_5}=-\frac{z_5}{z_4},i_{67}=\frac{n_6}{n_7}=-\frac{z_7}{z_6}$$

另外,齿轮 3 和齿轮 4 同轴,齿轮 5 和齿轮 6 同轴,所以 $n_3=n_4$,$n_5=n_6$。

为了求得轮系的传动比,可将上列各对齿轮的传动比连乘起来,可得

$$i_{12}i_{23}i_{45}i_{67}=\frac{n_1}{n_2}\frac{n_2}{n_3}\frac{n_4}{n_5}\frac{n_6}{n_7}=\frac{n_1}{n_7}$$

即

$$i_{17}=\frac{n_1}{n_7}=i_{12}i_{23}i_{45}i_{67}=(-1)^3\frac{z_2z_3z_5z_7}{z_1z_2z_4z_6}=-\frac{z_3z_5z_7}{z_1z_4z_6}$$

上式表明：

(1)定轴轮系的传动比大小等于组成该轮系的各对啮合齿轮传动比的连乘积；也等于各对啮合齿轮中所有从动齿轮齿数的连乘积与所有主动齿轮齿数的连乘积之比。

(2)对于各种定轴轮系，主动轮与从动轮的转向关系都可以用箭头法判定。对于各齿轮轴线相互平行的平面定轴轮系，还可以用符号法判定，具体方法是：在齿数比的基础上乘以$(-1)^m$，m为轮系中齿轮外啮合次数。

(3)齿轮2在轮系中既是从动轮，又是主动轮，这种齿轮称为惰轮。惰轮的齿数对传动比的大小没有影响，但是却改变了转向关系。

综上所述，定轴轮系传动比的计算可写成通式：

$$定轴轮系传动比=(-1)^m\frac{所有从动齿轮齿数的连乘积}{所有主动齿轮齿数的连乘积} \tag{7-1}$$

式中：m为轮系中外啮合的齿轮对数

二、案例解读

例题 7-1 如图 7-13 所示的轮系中，已知各个齿轮的齿数分别为：$z_1=30$，$z_2=30$，$z_3=90$，$z_4=25$，$z_5=36$，$z_6=20$，$z_7=45$，求轮系的传动比 i_{17}。

解：该轮系是一个平面定轴轮系，根据公式(7-1)

$$i_{17}=(-1)^3\frac{z_2z_3z_5z_7}{z_1z_2z_4z_6}=\frac{30\times90\times36\times45}{30\times30\times25\times20}=-9.72$$

经计算，传动比为负值，表示齿轮 7 与齿轮 1 转向相反。

例题 7-2 如图 7-13 所示的定轴轮系中，Ⅰ 轴的转速 $n_1=1440\mathrm{r/min}$，$z_1=19$，$z_2=32$，$z_{2'}=28$，$z_3=59$，$z_{3'}=28$，$z_4=19$，$z_5=36$，求 Ⅴ 轴的转速 z_5。

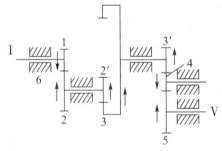

图 7-13　定轴轮系

解：Ⅴ 轴的转速可以通过轮系的传动比求得。

$$i_{12}=\frac{n_1}{n_2}=-\frac{z_2}{z_1}=-1.68$$

$$i_{35}=\frac{n_3}{n_5}=(-1)^2\frac{z_4z_5}{z_{3'}z_4}=1.29$$

$$i_{15}=\frac{n_1}{n_5}=(-1)^3\frac{z_2z_3z_5}{z_1z_{2'}z_{3'}}=-4.56$$

$$i_5 = \frac{n_1}{i_{15}} = -316 \text{r/min}$$

V轴的转速大小为316r/min,转向与1轴相反。

三、学习任务

1.对教师讲过的案例进行分析,总结定轴轮系传动比计算的步骤。

2.用本节所学内容,完成以下练习。

(1)已知如题图7-1所示的轮系中各轮的齿数分别为 $z_1 = z_3 = 15, z_2 = 20, z_4 = 25, z_5 = 20, z_6 = 40$,试求传动比,并指出的符号如何变化。

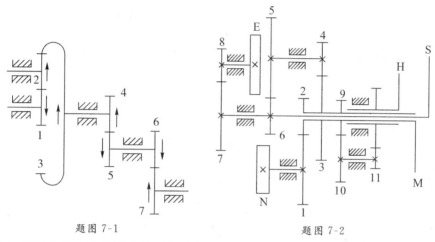

题图7-1　　　　　　　　　　题图7-2

(2)如题图7-2所示的钟表传动示意图中,E 为擒纵轮,N 为发条盘,S、M 及 H 分别为秒针、分针和时针。设 $z_1 = 72, z_2 = 12, z_3 = 64, z_4 = 8, z_5 = 60, z_6 = 8, z_7 = 60, z_8 = 6, z_9 = 8, z_{10} = 24, z_{11} = 6, z_{12} = 24$。求秒针与分针的传动比 i_{SM} 及分针与时针的传动比 i_{MH}。

3.用400字谈谈对本节的学习体会。

第三节　周转轮系传动比计算

一、理论要点

(一)周转轮系的构件与分类

1.周转轮系的构件

在图7-14所示的周转轮系中,由齿轮1、齿轮2、齿轮3和构件 H 组成。齿轮2装在构件 H 上,一方面绕轴线 O_1 自转,同时又随构件 H 绕固定轴线 O 作公转。整个轮系的运动犹如行星绕太阳的运行;齿轮2相当于行星,故称为行星轮;轴线不动的齿轮1、3相当于太阳,称为中心轮或太阳轮;支撑行星轮的构件 H 称为行星架,也称系杆或转臂。一个周转轮系必有一个行星架、若干个铰接在行星架上的行星轮以及与行星轮相啮合的中心轮。

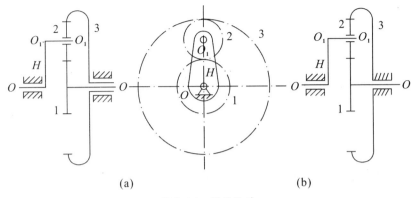

(a)　　　　　　　　　　　(b)

图 7-14　周转轮系

1、3-中心轮;2-行星轮;H-行星架。

2.周转轮系的类型

(1)根据自由度的不同,周转轮系可分为差动轮系和行星轮系两类。

如图 7-14(a)所示,轮系的两个中心轮都是转动的,称为差动轮系;该机构的自由度为2,说明需要两个独立运动的原动件。

如图 7-14(b)所示,轮系的中心轮 3 被固定,中心轮 1 可以转动,称为行星轮系;该机构的自由度为 1,说明只需要一个独立运动的原动件。

(2)根据基本构件的不同,周转轮系可分为 2K-H 型和 3K 型。

设轮系中的中心轮用 K 表示,行星架用 H 表示,则 2K-H 型周转轮系表示轮系中有两个中心轮和一个行星架。图 7-15 所示的周转轮系为 2K-H 型的几种不同形式。其中图 7-15(a)为单排形式,图 7-15(b)、图 7-15(c)为双排形式。

如图 7-16 所示,3K 型轮系包括三个中心轮和一个行星架,但行星架只起支撑行星轮使其与中心轮保持啮合的作用,不起传力作用,故轮系的型号中不含"H"。

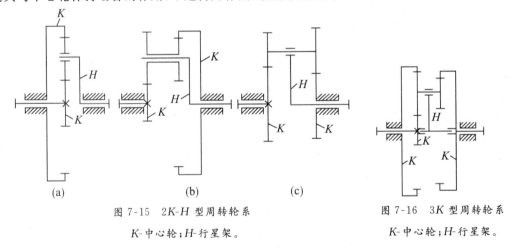

(a)　　　　　(b)　　　　　(c)

图 7-15　2K-H 型周转轮系

K-中心轮;H-行星架。

图 7-16　3K 型周转轮系

K-中心轮;H-行星架。

(二)周转轮系传动比计算

周转轮系和定轴轮系的根本差别在于周转轮系中有转动的行星架,从而使得行星轮既有自转又有公转。如果我们以行星架为参照系,行星轮只有自转而没有公转,整个周转轮系演化成了定轴轮系。

实际处理的方法称为"反转法"，即给整个周转轮系加上一个大小与行星架转速相等，但方向相反的公共转速"$-n_H$"，使之绕行星架的固定轴线回转，这时各构件之间的相对运动仍将保持不变，而行星架的转速变为$n_H-n_H=0$，行星架"静止不动"了。这种转化所得的假想的定轴轮系称为原周转轮系的转化轮系。于是周转轮系的问题就可以用定轴轮系的方法来解决了。

以图7-17(a)为例，通过转化轮系传动比的计算，得出周转轮系中个构件之间转速的关系，进而求得该周转轮系的传动比。当对整个周转轮系加上一个公共转速"$-n_H$"以后，周转轮系演化成图7-18(b)所示的转化轮系，各构件的转速的变化如表7-17所示。

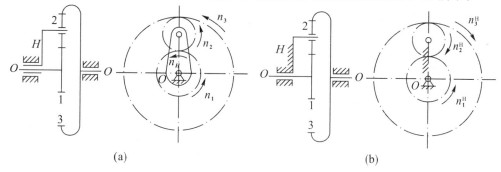

(a)   (b)

图 7-17 周转轮系及其转化轮系

1、3-中心轮；2-行星轮；H-行星架。

表 7-1 周转轮系和转化轮系的转速

构件	原有转速	在转化轮系中的转速（相对于行星架的转速）
齿轮 1	n_1	$n_1^H = n_1 - n_H$
齿轮 2	n_2	$n_2^H = n_2 - n_H$
齿轮 3	n_3	$n_3^H = n_3 - n_H$
行星架 H	n_H	$n_H^H = n_H - n_H = 0$

在表7-1中，转化轮系中各构件的转速n_1^H、n_2^H、n_3^H及n_H^H的右上角都带有上标H，表示这些转速是各构件对行星架的相对转速。由于$n_H^H=0$，所以该周转轮系已经转化为定轴轮系，即该周转轮系的转化轮系。三个齿轮相对于行星架H的转速n_1^H、n_2^H、n_3^H即为它们在转化轮系中的转速，于是转化轮系的传动比i_{13}^H可计算如下：

$$i_{13}^H = \frac{n_1^H}{n_3^H} = \frac{n_1 - n_H}{n_3 - n_H} = -\frac{z_2 z_3}{z_1 z_2} = -\frac{z_3}{z_1} \tag{7-2}$$

式中齿数比前的负号表示在转化轮系中齿轮1与齿轮3的转向相反，即n_1^H与n_3^H的方向相反。应注意区分i_{13}和i_{13}^H，前者是两轮真实的传动比，而后者是假想的转化轮系中两轮的传动比。

根据上述原理，不难得出计算周转轮系的一般关系式。设周转轮系中的两个齿轮分别为G、K，行星架为H，则其转化轮系的传动比i_{GK}^H可表示为

$$i_{GK}^H = \frac{n_G^H}{n_K^H} = \frac{n_G - n_H}{n_K - n_H} = \pm\frac{\text{转化轮系中从 } G \text{ 到 } K \text{ 的所有从动齿轮齿数的连乘积}}{\text{转化轮系中从 } G \text{ 到 } K \text{ 的所有主动齿轮齿数的连乘积}} \tag{7-3}$$

应用上式时,应注意:

(1)该公式只适用于齿轮 G、K 和行星架 H 的回转轴线重合或平行。

(2)应视 G 为起始主动轮,K 为最末从动轮,中间各轮的主从地位应按这一假定在转化轮系中去判断。

(3)等号右侧的"±"的判断方法同定轴轮系。如果只有平行轴圆柱齿轮传动,可由 $(-1)^m$ 来确定。如果含有圆锥齿轮传动或蜗杆传动,则用画虚箭头的方法来确定。若齿轮 G 和 K 的箭头方向相同时为"+"号,相反时为"-"号。

(4)代入各个构件实际转速时,必须带有"±"号。可先假定某一已知构件的转向为正向,其他构件的转向与其相同时取"+"号,相反时取"-"号。

二、案例解读

例题 7-3 在图 7-18 所示的单排形式的 2K-H 型周转轮系中,已知齿轮齿数 $z_1 = 40$,$z_3 = 60$,两中心轮同向回转,转速 $n_1 = 100 \text{r/min}$,$n_2 = 200 \text{r/min}$,求行星架 H 的转速 n_H。

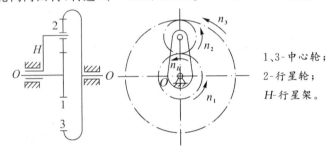

1、3-中心轮;
2-行星轮;
H-行星架。

图 7-18 单排形式 2K-H 型周转轮系

解:由公式(7-2)得:

$$i_{13}^H = \frac{n_1 - n_H}{n_3 - n_H} = -\frac{z_3}{z_1}$$

齿数比前的"-"号表示在转化轮系中轮 1 与轮 3 转向相反。

由题意可知,轮 1 和轮 3 同向回转,故 n_1 和 n_3 以同号代入上式,则有

$$\frac{100 - n_H}{200 - n_H} = -\frac{60}{40}$$

解得:$n_H = 160 \text{r/min}$

经计算 n_H 为正,故行星架 H 与齿轮 1 转向相同。

例题 7-4 在图 7-19 所示的双排形式的 2K-H 型周转轮系中,各轮的齿数为:$z_1 = 15$,$z_2 = 25$,$z_3 = 20$,$z_4 = 60$。齿轮 1 的转速为 200r/min(顺时针),齿轮 4 的转速为 50r/min(逆时针),试求行星架 H 的转速。

解:该轮系为简单的周转轮系,两个太阳轮在转化轮系中的传动比为

$$i_{14} = \frac{n_1^H}{n_4^H} = \frac{n_1 - n_H}{n_4 - n_H} = -\frac{z_2 z_4}{z_1 z_3}$$

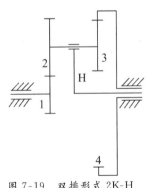

图 7-19 双排形式 2K-H
型周转轮系

1-中心轮;2、3-行星轮;
H-行星架。

假设转速顺时针为正,则

$$i_{14}=\frac{n_1^H}{n_4^H}=\frac{200-n_H}{-50-n_H}=-5$$

解得

$n_H=-8.33\text{r/min}$,为逆时针转动(与齿轮 1 转动方向相反)。

三、学习任务

1.用不少于 200 字把你对本节知识点的理解进行梳理。

2.对教师讲过的案例进行分析,归纳一下周转轮系传动比的计算步骤。

3.用本节所学内容完成以下练习。

(1)如题图 7-3 所示的轮系中,已知 $z_1=60$,$z_2=15$,$z_3=18$,各轮均为标准齿轮,且模数相同。试确定 z_4 并计算传动比 i_{1H} 的大小及行星架 H 的转动方向。

(2)如题图 7-4 所示的差动轮系中,已知 $z_a=20$,$z_g=30$,$z_{g'}=20$,$z_b=70$,齿轮 a 的转速年 $n_a=500\text{r/min}$,齿轮 b 的转速 $n_b=200\text{r/min}$,试求系杆 H 的转速 n_H。

(3)如题图 7-5 所示的差动轮系中,已知 $z_1=z_2=17$,$z_3=51$,当手柄转过 1 周时,试求转盘转过多少度。

4.请写出学习本章内容过程中形成的"亮考帮"。

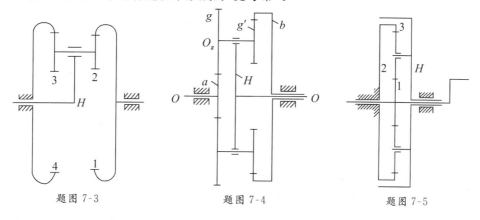

题图 7-3　　　　　题图 7-4　　　　　题图 7-5

第八章　带传动与链传动

带传动和链传动都是应用广泛的机械传动,比如带式输送机和轿车发动机,都采用了带传动机构。现代化大规模生产的链条工业使链传动可以满足更广泛的需求。传送带和链条已发展成为机械工业中十分重要的基础零件。

让我们来看看,带传动与链传动的类型和结构组成,它们各有什么特点,一般用于哪些场合。

第一节　带传动

一、理论要点

(一)带传动的类型

1.摩擦型带传动

摩擦型带传动由主动轮1、从动轮2和张紧在两轮上的环形带3组成(图8-1)。安装时带被张紧在带轮上,这时带所受的拉力为初拉力,它使带与带轮的接触面间产生压力。主动轮回转时,依靠带与带轮的接触面间的摩擦力拖动从动轮一起回转,从而传递一定的运动和动力。摩擦型传动带按横截面形状可分为平带、V带和特殊截面带(多楔带、圆带等)三大类。

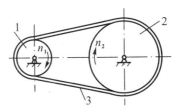

图8-1　带传动简图图

1-主动轮;2-从动轮;3-环形带。

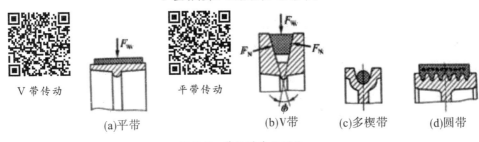

(a)平带　　　(b)V带　　　(c)多楔带　　　(d)圆带

图8-2　带的横截面形状

(1)平带的横截面为扁平矩形,工作时带的环形内表面与轮缘相接触(图8-2(a))。

（2）V 带的横截面为等腰梯形,工作时其两侧面与轮槽的侧面相接触,而 V 带与轮槽槽底不接触(图 8-2(b)),V 带传动较平带传动能产生更大的摩擦力,故具有较大的牵引能力。

（3）多楔带以其扁平部分为基体,下面有几条等距纵向槽,其工作面为楔的侧面(图 8-2(c))。这种带兼有平带的弯曲应力小和 V 带的摩擦力大的优点,常用于传递动力较大而又要求结构紧凑的场合。

（4）圆带的牵引能力小,常用于仪器和家用器械中。

2.啮合型带传动

啮合型传动带通常称为同步带,同步带是以细钢丝绳或玻璃纤维为强力层,外覆以聚氨酯或氯丁橡胶的环形带。由于带的强力层承载后变形小,且内周制成齿状使其与齿形的带轮相啮合,故带与带轮间无相对滑动,构成同步传动。如图 8-3 所示。

同步带属啮合型传动带,没有弹性滑动,可用于要求有准确传动比的地方;所需的张紧力小,轴和轴承上所受的载荷小;同步带的厚度薄,质量轻,允许有较高的线速度(v 可达 50m/s)和较小的带轮直径,可获得较大的传动比(i_{12} 可达 10～20);有较高的传动效率(可近 0.98)。但其对制造与安装精度要求较高,成本也较高。

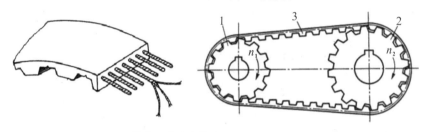

图 8-3　同步带结构与同步带传动

1-主动带轮;2-从动带轮;3-同步带。

（二）带传动的特点

1.摩擦型带传动

优点:①适用于中心距较大的传动;②带具有良好挠性,可缓和冲击,吸收振动;③过载时带与带轮间打滑,打滑虽使传动失效,但可防止损坏其他零件;④结构简单、成本低廉。

缺点:①传动的外廓尺寸较大;②需要张紧装置;③由于带的弹性滑动,不能保证固定不变的传动比;④带的寿命较短;⑤传动效率较低。

2.啮合型带传动

优点:①传动比恒定;②结构紧凑;③由于带薄而轻、强力层强度高,故带速可达 40m/s,传动比可达 10,传递功率可达 200kW;④效率较高,约为 0.98,因而应用日益广泛。

缺点:带及带轮价格较高,对制造、安装要求高。

（三）V 带的规格

V 带由抗拉体、顶胶、底胶和包布组成,如图 8-4 所示。抗拉体是承受负载拉力的主体,其上下的顶胶和底胶分别承受弯曲时的拉伸和压缩,外壳用橡胶帆布包围成型。抗拉

体由帘布或线绳组成,绳芯结构柔软易弯有利于提高寿命。抗拉体的材料可采用化学纤维或棉织物,前者的承载能力较强。

如图 8-5 所示,当带受纵向弯曲时,在带中保持原长度不变的周线称为节线;由全部节线构成的面称为节面。带的节面宽度称为节宽(b_p),当带受纵向弯曲时,该宽度保持不变。

普通 V 带和窄 V 带已标准化,按截面尺寸的不同,普通 V 带有七种型号见表 8-1,窄 V 带有四种型号,见表 8-2。

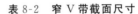

表 8-1　V 带截面尺寸(GB/T 11544—1797)

类型 普通 V 带	节宽 b_p/mm	顶宽 b/mm	高度 h/mm	单位长度质量 q/(kg/m)
Y	5.3	6.0	4.0	0.04
Z	8.5	10.0	6.0	0.06
A	11.0	13.0	8.0	0.1
B	12.0	17.0	11.0	0.17
C	19.0	22.0	12.0	0.30
D	27.0	32.0	19.0	0.60
E	32.0	38.0	23.0	0.87

表 8-2　窄 V 带截面尺寸

窄 V 带类型	节宽 b_p/mm	顶宽 b/mm	高度 h/mm
SPZ	8.5	10.0	8.0
SPA	11.0	13.0	10.0
SPB	14.0	17.0	14.0
SPC	19.0	22.0	18.0

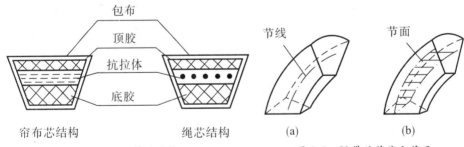

图 8-4　V 带的结构　　　　图 8-5　V 带的节线和节面

在 V 带轮上,与所配用 V 带的节面宽度 b_p 相对应的带轮直径称为基准直径 d。V 带在规定的张紧力下,位于带轮基准直径上的周线长度称为基准长度 L_d。V 带长度系列见表 8-3。

表 8-3　V 带基准长度 L_d 和带长修正系数 K_L

基准长度 L_d/mm	K_L					基准长度 L_d/mm	K_L				
	Y	Z	A	B	C		A	B	C	D	E
200	0.81					2000	1.03	0.98	0.88		
224	0.82					2240	1.06	1.00	0.91		
250	0.84					2500	1.09	1.03	0.93		
280	0.87					2800	1.11	1.05	0.95	0.83	
315	0.89					3150	1.13	1.07	0.97	0.86	
355	0.92					3550	1.17	1.10	0.99	0.89	
400	0.96	0.87				4000	1.19	1.13	1.02	0.91	
450	1.00	0.89				4500		1.15	1.04	0.93	0.90
500	1.02	0.91				5000		1.18	1.07	0.96	0.92
560		0.94				5600			1.09	0.98	0.95
630		0.96	0.81			6300			1.12	1.00	0.97
710		0.99	0.83			7100			1.15	1.03	1.00
800		1.00	0.85			8000			1.18	1.06	1.02
900		1.03	0.87	0.82		9000			1.21	1.08	1.05
1000		1.06	0.89	0.84		10000			1.23	1.11	1.07
1120		1.08	0.91	0.86		11200				1.14	1.10
1250		1.11	0.93	0.88		12500				1.17	1.12
1400		1.14	0.96	0.90		14000				1.20	1.15
1600		1.16	0.99	0.92	0.83	16000				1.22	1.18
1800		1.18	1.01	0.95	0.86						

(四)V 带轮的结构

V 带轮的典型结构及图样如表 8-4 所示。

表 8-4　V 带轮的典型结构及图样

1.实心式 $d \leqslant (2.5 \sim 3)d_h$	

续表

2.腹板式 $d \leqslant 300 \sim 400mm$	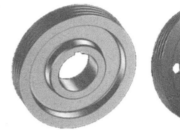
3.轮辐式 $d > 300 \sim 400mm$	

(五)V带传动的张紧装置

1.定期张紧装置

采用定期改变中心距的方法来调节带的初拉力,使带重新张紧。在水平或倾斜不大的传动中,可用图 8-6(a)的方法,用调节螺钉 2 使装有带轮的电动机沿滑轨 1 移动。在垂直或接近垂直的传动中,可用图 8-6(b)的方法,将装有带轮的电动机安装在可调的摆架上。

2.自动张紧装置

将装有带轮的电动机安装在浮动的摆架上(图 8-6(c)),利用电动机和摆架的自重,使带轮随同电动机绕固定轴摆动,以达到自动张紧的目的。

3.采用张紧轮的装置

当中心距不能调节时,可用张紧轮将带张紧(图 8-6(d))。张紧轮一般应放在松边的内侧,使带只受单向弯曲。同时张紧轮还应尽量靠近大轮,以免过分影响带在小轮上的包角。张紧轮的轮槽尺寸与带轮的相同,且直径小于小带轮的直径。

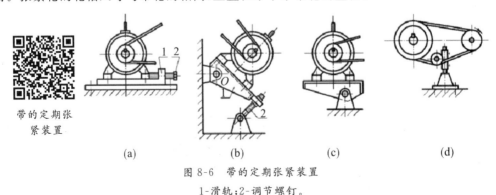

带的定期张
紧装置

(a)   (b)   (c)   (d)

图 8-6 带的定期张紧装置

1-滑轨;2-调节螺钉。

二、案例解读

例题 8-1　图 8-7 所示为带式输送机。

带式输送机是输送粮食、煤炭等货物的主要
装置,是化工、煤炭、冶金、建材、电力、轻工、粮食
等部门广泛使用的运输设备。带式输送机由原动
机、传动装置和工作装置等组成。其中,原动机为
电动机;传动装置主要由传动件、支承件、联接件
和机体等组成;工作装置为卷筒式输送带。工作
时,电动机通过机械传动装置将运动和动力传递
给工作装置,输送物料(如粮食、煤、砂石等)以实
现工作机预定的工作要求。

图 8-7　带式输送机

该传动装置由带传动和一级圆柱齿轮减速器组成,位于电动机和工作机之间,是机器
的重要组成部分。带传动、齿轮传动均为机械中的传动件,主要作用是将输入轴的运动和
动力传递给输出轴。如图 8-7 所示,先通过带传动将与小带轮联接的电动机轴的运动和
动力传递给大带轮;大带轮与小齿轮同轴,再通过齿轮传动将小齿轮轴的运动和动力传递
给大齿轮,输出给工作装置。

三、学习任务

1. 用不少于 200 字对本节知识点进行梳理。
2. 列举一个生活生产中带传动的实例,并对其进行分析。

第二节　链传动

一、理论要点

(一)链传动的类型及特点

1. 链传动的类型

链传动由主动链轮 1、从动链轮 2 和绕在两
链轮上的链条 3 所组成,如图 8-8 所示。它靠链
节和链轮轮齿之间的啮合来传递运动和动力,是
一种挠性传动。

按照用途不同,链可分为起重链、牵引链和
传动链三大类。起重链主要用于起重机械中提
起重物,牵引链主要用于链式输送机中移动重

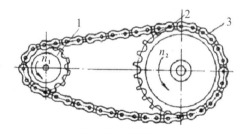

图 8-8　链传动

1-主动链轮;2-从动链轮;3-链条。

物,传动链用于一般机械中传递运动和动力。按结构的不同传动链又可分为短节距精密
滚子链(简称滚子链)、齿形链等类型。本章主要讨论滚子链。

2.链传动的特点

(1)和带传动相比。链传动能保持平均传动比不变;传动效率高;张紧力小,因此作用在轴上的压力较小;能在低速重载和高温条件下及尘土飞扬的不良环境中工作。

(2)和齿轮传动相比。链传动可用于中心距较大的场合且制造与安装精度要求较低。

(3)只能传递平行轴之间的同向转动;不能保持恒定的瞬时传动比;运动平稳性差,工作时有噪声;不宜用在载荷变化很大、高速和急速反向的传动中。

(二)滚子链和链轮

1.滚子链的结构和基本参数

滚子链由内链板 1、外链板 2、销轴 3、套筒 4 和滚子 5 组成,如图 8-9 所示。内链板和套筒、外链板和销轴用过盈配合固定,构成内链节和外链节。销轴和套筒之间为间隙配合,构成铰链,将若干内外链节依次铰接形成链条。滚子松套在套筒上可自由转动,链轮轮齿与滚子之间的摩擦主要是滚动摩擦。链条上相邻两销轴中心的距离称为节距,用 p 表示,节距是链传动的重要参数。节距 p 越大,链的各部分尺寸和重量也越大,承载能力越高,且在链轮齿数一定时,链轮尺寸和重量随之增大。因此,设计时在保证承载能力的前提下,应尽量采取较小的节距。载荷较大时可选用双排链(图 8-10)或多排链,但排数一般不超过三排或四排,以免由于制造和安装误差的影响使各排链受载不均。

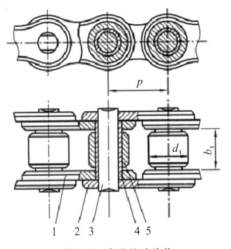

图 8-9　滚子链的结构

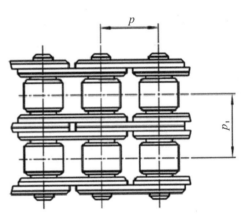

图 8-10　双排链

1-内链板;2-外链板;3-销轴;4-套筒;5-滚子。

链条的长度用链节数表示,一般选用偶数链节,这样链的接头处可采用开口销或弹簧卡片来固定,如图 8-11(a)、(b)所示,前者用于大节距链,后者用于小节距链。当链节为奇数时,需采用过渡链节如图 8-11(c)所示。由于过渡链节的链板受附加弯矩的作用,一般应避免采用。

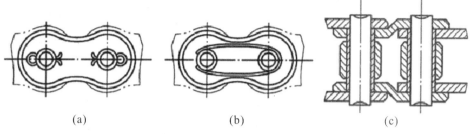

（a）　　　　　　　　　（b）　　　　　　　　　（c）

图 8-11　滚子链接头形式

考虑到我国链条的生产历史和现状,以及国际上许多国家的链节距均用英制单位,我国链条标准 GB/T1243-2006 中规定节距用英制折算成米制的单位。

2. 滚子链链轮

(1)链轮的齿形。链轮的齿形应能保证链节平稳而自由地进入和退出啮合,不易脱链,且形状简单便于加工。GB/T1243-2006 规定了滚子链链轮的端面齿槽形状(图8-12)。链轮的轴面齿槽形状如图 8-13 所示。由于滚子表面齿廓与链轮齿廓为非共轭齿廓,故链轮齿形设计有较大的灵活性。若链轮采用标准齿形,在链轮工作图上可不绘制出端面齿形,只需注明按 GB/T1243-2006 制造即可。但为了车削毛坯,需将轴面齿形画出,如图 8-13 所示。

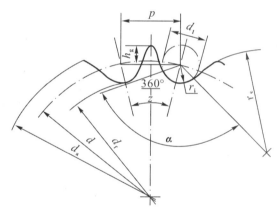

图 8-12　滚子链链轮的端面齿形

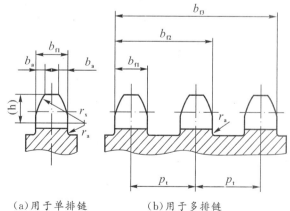

（a）用于单排链　　　　　　（b）用于多排链

图 8-13　滚子链链轮的轴面齿形

(2)链轮的结构。链轮的结构如图8-14所示。直径小的链轮常制成实心式(图8-14(a)),中等直径的链轮常制成孔板式(图8-14(b)),大直径($d>200mm$)的链轮常制成组合式,可将齿圈焊接在轮毂上或采用螺栓连接(图8-14(c))。

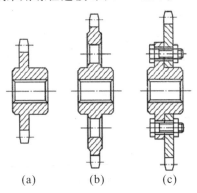

(a)   (b)   (c)

图8-14　链轮的结构

二、案例解读

例题8-2　链传动可实现曲线环行空间的运动,常被用于具有曲线环行空间的悬挂输送装置中。这种链输送装置结构简单,只需在链板或销轴上增加翼板,用以夹持或承托输送物件即可。例如温湿度高、灰尘多的陶瓷制品的连续干燥器,温度高、有淋水的全自动洗瓶机,菜果预煮机,食品罐头的连续杀菌设备(图8-15)等。

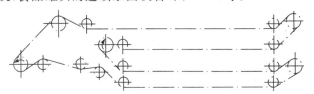

图8-15　三层常压连续杀菌机传动

链传动还可使圆柱形工件实现平移(输送)和自转的复合运动。例如由主、副两个链传动系统组成的保温瓶割口机等,如图8-16所示。在主链传动系统的每个链板上增加一支座并安装一可转动的小轴,在小轴上固定一个小链轮和两个滚轮;副链传动系统的运动链条与各小轴上的链轮啮合,带动各个小链轮(滚轮)转动,滚轮又靠摩擦力使放在其上的圆柱形保温瓶自转,从而使保温瓶获得了既随主链传动系统的链条做平移运动,同时又做自转的复合运动,以满足火焰割口工艺的要求。

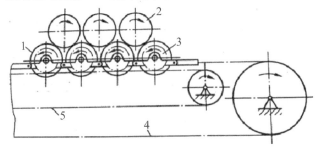

图8-16　保温瓶割口机

1-滚轮;2-保温瓶;3-小链轮;4-主链传动;5-副链传动。

三、学习任务

1.对教师讲过的案例进行分析。

2.对比分析带传动和链传动,它们之间有什么异同?

3.列举一个生活生产中链传动的实例,并对其进行分析。

4.请写出学习本章内容过程中形成的"亮考帮"。

第九章 连 接

连接是指被连接件与连接件的组合,根据其可拆性分为可拆连接和不可拆连接。其中,螺纹连接是一种广泛使用的可拆卸的固定连接,具有结构简单、连接可靠、装拆方便等优点。

让我们来看看,各类常用螺纹的特点与应用场合,螺纹连接的基本类型和常用的防松方法,键连接有哪些类型和特点。

第一节 螺 纹

一、理论要点

(一)螺纹类型与应用

将一倾斜角为 ϕ 的直线绕在圆柱体上便形成一条螺旋线(图 9-1(a))。取一平面图形(图 9-1(b)),使它沿着螺旋线运动,运动时保持此图形通过圆柱体的轴线,就得到螺纹。

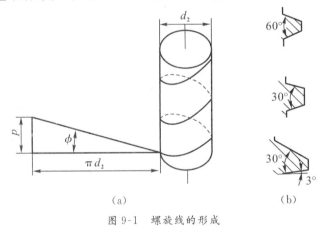

(a)　　　　　　　　(b)

图 9-1 螺旋线的形成

螺纹可作如下分类:

$$\text{螺纹的分类} \begin{cases} \text{按螺纹的牙型} \begin{cases} \text{三角形螺纹} \\ \text{管螺纹} \\ \text{矩形螺纹} \\ \text{梯形螺纹} \\ \text{锯齿形螺纹} \end{cases} \\ \text{按螺旋线的旋向} \begin{cases} \text{左旋螺纹} \\ \text{右旋螺纹} \end{cases} \\ \text{按螺旋线的根} \begin{cases} \text{单线螺纹} \\ \text{双线螺纹} \end{cases} \\ \text{按回转体的内外表面} \begin{cases} \text{内螺纹} \\ \text{外螺纹} \end{cases} \\ \text{按螺旋的作用} \begin{cases} \text{连接螺纹} \\ \text{传动螺纹} \end{cases} \\ \text{按母体的形状} \begin{cases} \text{圆柱螺纹} \\ \text{圆锥螺纹} \end{cases} \end{cases}$$

螺纹又有米制和英制(螺距以每英寸牙数表示)之分,我国除管螺纹保留英制外,都采用米制螺纹。标准螺纹的基本尺寸可查阅有关标准。常用螺纹的类型、特点和应用见表9-1。

表 9-1 常用螺纹的类型、特点和应用

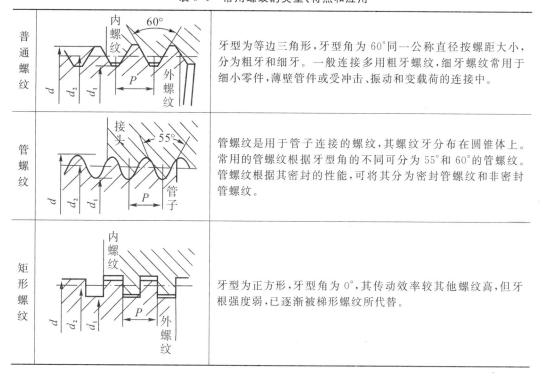

普通螺纹		牙型为等边三角形,牙型角为60°同一公称直径按螺距大小,分为粗牙和细牙。一般连接多用粗牙螺纹,细牙螺纹常用于细小零件,薄壁管件或受冲击、振动和变载荷的连接中。
管螺纹		管螺纹是用于管子连接的螺纹,其螺纹牙分布在圆锥体上。常用的管螺纹根据牙型角的不同可分为55°和60°的管螺纹。管螺纹根据其密封的性能,可将其分为密封管螺纹和非密封管螺纹。
矩形螺纹		牙型为正方形,牙型角为0°,其传动效率较其他螺纹高,但牙根强度弱,已逐渐被梯形螺纹所代替。

续表

梯形螺纹	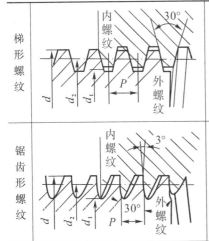	牙型为等腰梯形,牙型角为30°,与矩形螺纹相比,传动效率略低,但工艺性好,牙根强度高,对中性好。梯形螺纹是最常用的传动螺纹。
锯齿形螺纹		牙型为不等腰梯形,工作面的牙侧角为3°,非工作面的牙侧角为30°,这种螺纹兼有矩形螺纹传动效率高、梯形螺纹牙根强度高的特点,但只能用于单向受力的螺纹连接或螺旋传动中。

(二)螺纹的主要参数

以圆柱普通螺纹为例说明螺纹的主要几何参数(图 9-2)

(1)大径 $d(D)$:螺纹的最大直径,与外螺纹牙顶(或内螺纹牙底)相重合的假想圆柱体的直径,在标准中称作公称直径。

(2)小径 $d_1(D_1)$:螺纹的最小直径,与外螺纹牙底(或内螺纹牙顶)相重合的假想圆柱体的直径,在强度计算中常作为危险剖面的计算直径。

(3)中径 $d_2(D_2)$:通过螺纹轴向剖面内牙型上的沟槽和凸起宽度相等处的假想圆柱面的直径,近似等于螺纹的平均直径,是确定螺纹几何参数的直径。

(4)螺距 P:螺纹相邻两牙在中径线上对应两点间的轴向距离。

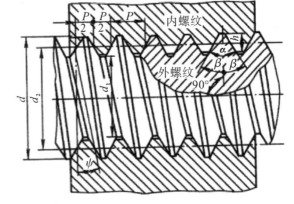

图 9-2 圆柱螺纹的主要几何参数

(5)导程 S:同一条螺旋线上的相邻两牙在中径线上对应两点间的轴向距离。设螺旋线数为,则 $S=np$。

(6)螺纹升角 ψ:在中径 d_2 圆柱上,螺旋线的切线与垂直于螺纹轴线的平面的夹角。

$$\tan\psi=\frac{np}{\pi l_2} \tag{9-1}$$

(7)牙型角:轴向截面内螺纹牙相邻两侧边的夹角称为牙型角。牙型侧边与螺纹轴线的垂线间的夹角称为牙侧角 β。对于对称牙型 $\beta=\dfrac{a}{2}$。

(三)螺纹连接的基本类型

1.螺栓连接

螺栓连接的被连接件上开有通孔,螺栓贯穿通孔,被连接件不可太厚。插入螺栓后在螺栓的另一端放上垫圈、拧上螺母。

(1)普通螺栓连接。如图 9-3(a)所示,螺栓与孔之间留有间隙,孔的直径大约是螺栓公称直径的 1.1 倍,孔壁上不制作螺纹,通孔的加工精度要求较低,结构简单,装拆方便,应用十分广泛。

(2)铰制孔用螺栓连接。如图 9-3(b)所示,螺栓能精确固定被连接件的相对位置,并能承受横向载荷。这种连接对孔的加工精度要求较高,应精确铰制,连接也因此得名。

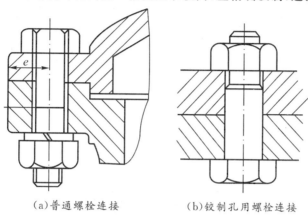

(a)普通螺栓连接　　　　(b)铰制孔用螺栓连接

图 9-3　螺栓连接

2.双头螺柱连接

如图 9-4(a)所示,双头螺柱连接使用于结构上不能采用螺栓连接的场合,例如被连接件之一太厚不宜制成通孔,且需要经常拆卸的场合。显然,拆卸这种连接时,不用拆下螺柱。

3.螺钉连接

如图 9-4(b)所示,螺钉连接的特点是螺钉直接拧入被连接件的螺纹孔中,不必用螺母,结构简单紧凑,用于受力不大,不需经常拆卸的场合。

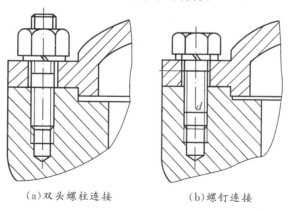

(a)双头螺柱连接　　　　(b)螺钉连接

图 9-4　双头螺柱连接和螺钉连接

4.紧定螺钉连接

紧定螺钉连接是利用拧入零件螺纹孔中的螺钉末端顶住另一零件的表面(图 9-5(a))或顶入相应的凹坑中(图 9-5(b)),以固定两个零件的相对位置,并可同时传递不太大的力或力矩。

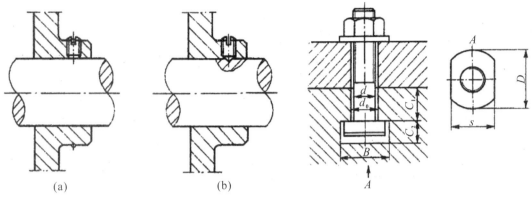

(a)　　　　　　　(b)

图 9-5　紧定螺钉连接　　　　　　　　　　图 9-6　T 型槽螺栓连接

工程中除上述 4 种基本螺纹连接形式以外,还有一些特殊结构的连接。例如 T 型槽螺栓主要用于工装设备中的工装零件与工装机座的连接(图 9-6);吊环螺钉主要装在机器或大型零、部件的顶盖或外壳上,以便于对设备实施起吊(图 9-7);地脚螺栓主要应用于将机座或机架固定在地基上的连接。使用前,应将地脚螺栓预埋在地基内(图 9-8)。

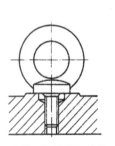　　　　　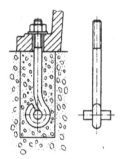

图 9-7　吊环螺钉连接　　　　图 9-8　地脚螺栓连接

(四)螺纹紧固件

机械制造中常见的螺纹紧固件有螺栓、双头螺柱、螺钉、螺母和垫圈等。这类零件的结构和尺寸都已标准化、设计时可根据有关标准选用。

螺纹紧固件按制造精度分为 A、B、C 三级(不一定每个类别都备齐 A、B、C 三级,详见有关手册),A 级精度最高。A 级螺栓、螺母、垫圈组合可用于重要的、要求装备精度高的、受冲击或变载荷的连接;B 级用于较大尺寸的紧固件;C 级用于一般螺栓连接。

二、案例解读

案例 9-1　分析说明图 9-9 中的螺纹连接。

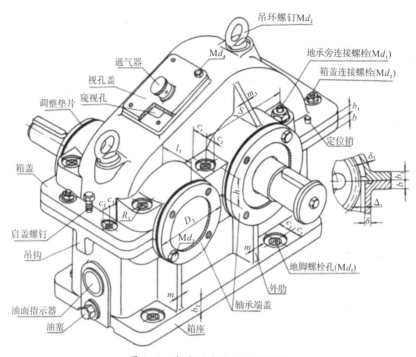

图 9-9　减速器零件之间的联接

分析:减速器中各零件之间需要通过某种形式相互联接,减速器箱体内零件安装后,需将箱盖与箱体扣合,先用定位销联接确定箱盖与箱体的相互位置,然后用箱盖连接螺栓进行联接;为了对轴承密封,轴承端部需安装轴承盖,通过螺钉与箱体联接。吊环螺钉(或吊耳)设在箱盖上,通常用于吊运箱盖,也用于吊运轻型减速器。地脚螺栓主要应用于将减速器机座固定在地基上。

三、学习任务

1.对教师讲过的案例进行分析。

2.指出题图 9-1 各机构应各选用何种牙型的螺纹.原因是什么?

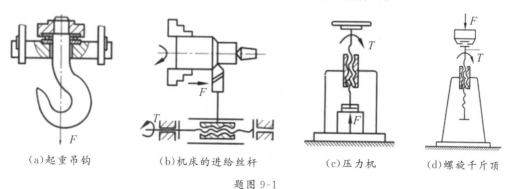

(a)起重吊钩　　　　(b)机床的进给丝杆　　　　(c)压力机　　　(d)螺旋千斤顶

题图 9-1

第二节　螺纹连接的预紧与防松

一、理论要点

使连接在承受工作载荷之前,预先受到的作用力称为预紧力。对于重要的螺纹连接,应控制其预紧力,因为预紧力的大小对螺纹连接的可靠性、强度和密封性均有很大的影响。

预紧力的具体数值应该根据载荷性质、连接刚度等具体的工作条件来确定。对于重要的螺栓连接,应在图纸上作为技术条件注明预紧力矩,以便在装配时保证。

(一)拧紧力矩

如上所述,装配时预紧力的大小是通过拧紧力矩来控制的。因此,应从理论上找出预紧力和拧紧力矩之间的关系。螺纹连接的拧紧力矩 T 等于克服螺纹副相对转动的阻力矩和螺母支承面上的摩擦阻力矩(图 9-10)之和,经推导简化后得

$$T \approx 0.2F_0 d (\text{N} \cdot \text{mm}) \tag{9-1}$$

式中: d 为螺纹公称直径,mm; F_0 为预紧力,N。

对于重要的连接,应尽量不采用直径过小(例如小于 M12)的螺栓。必须使用时,应采用力矩扳手严格控制其拧紧力矩。对于预紧力控制精度要求高,或大型螺栓连接,也采用测定螺栓伸长量的方法来控制预紧力。

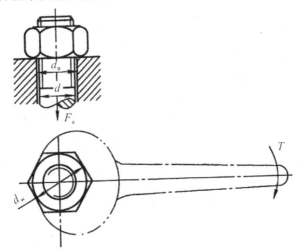

图 9-10　支承面摩擦阻力矩

(二)螺纹连接的防松

在静载荷和工作温度变化不大时,螺纹连接不会自动松脱。但在冲击、振动或变载荷作用下,或在高温或温度变化较大的情况下,螺纹连接中的预紧力和摩擦力会逐渐减小或可能瞬时消失,导致连接松脱失效。为防止连接松脱,保证连接安全可靠,设计时必须采用有效的放松措施。

防松的根本问题在于防止螺旋副相对转动。按工作原理的不同,防松方法分为摩擦防松、机械防松和破坏螺旋副运动关系放松等,一般来说,摩擦防松简单、方便,但没有机械防松可靠。

二、案例解读

案例 9-2 螺纹预紧力的控制方法。

控制预紧力的方法很多,通常是借助于测力矩扳手(图 9-11)或定力矩扳手(图 9-12),通过控制拧紧力矩来间接控制预紧力的。

测力矩扳手的工作原理是根据扳手上的弹性元件 1,在拧紧力的作用下所产生的弹性变形来指示拧紧力矩的大小。为方便计量,可通过标定将指示刻度 2 直接以力矩值标出。

定力矩扳手的工作原理是当拧紧力矩超过规定值时,弹簧 3 被压缩,扳手卡盘 1 与圆柱销 2 之间打滑,如果继续转动手柄,卡盘即不再转动。拧紧力矩的大小可利用螺钉 4 调整弹簧压紧力来加以控制。

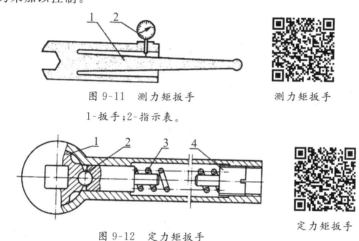

图 9-11 测力矩扳手

测力矩扳手

1-扳手;2-指示表。

图 9-12 定力矩扳手

定力矩扳手

1-扳手卡盘;2-圆柱销;3-弹簧;4-螺钉。

案例 9-3 分析说明图 9-13 中各螺纹连接的防松方法的和特点

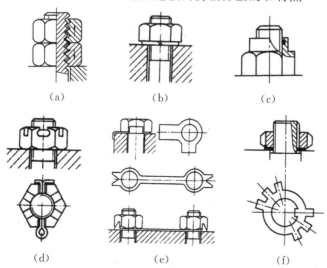

（a）　　　　　　（b）　　　　　　（c）

（d）　　　　　　（e）　　　　　　（f）

— 85 —

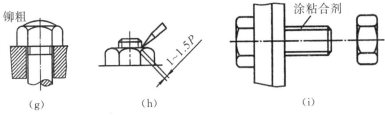

图 9-13　螺纹连接的防松方法

分析：(a)(b)(c)为摩擦防松，(d)(e)(f)为机械防松，(g)(h)(i)为破坏螺旋副运动关系。

(a)采用对顶螺母，两螺母对顶拧紧后，使旋合螺纹间始终受到附加的压力和摩擦力的作用。这种方法结构简单，适用于平稳、低速和重载的固定装置的连接。

(b)采用弹簧垫圈，螺母拧紧后，靠垫圈压平而产生的弹性反力使旋合螺纹间压紧。同时垫圈斜口的尖端抵住螺母与被连接件的支承面也有防松作用，一般用于不甚重要的连接。

(c)采用弹性圈锁紧螺母，螺母中嵌有纤维或尼龙圈，拧紧后箍紧螺栓来增加摩擦力。该弹性圈还起防止液体泄漏的作用。

(d)采用开口销与六角开槽螺母，六角开槽螺母拧紧后，将开口销穿入螺栓尾部小孔和螺母的槽内，并将开口销尾部掰开与螺母侧面贴紧。这种方法适用于有较大冲击、振动的高速机械中运动部件的连接。

(e)采用止动垫圈，螺母拧紧后，将单耳或双耳止动垫圈分别向螺母和被连接件的侧面折弯贴紧，即可将螺母锁住。若两个螺栓需要双联锁紧时，可采用双联止动垫圈，使两个螺母相互制动。这种方法结构简单，使用方便，防松可靠。

(f)采用圆螺母和止动垫片，使垫片内翅嵌入螺栓(轴)的槽内，拧紧螺母后将垫片外翅之一折嵌于螺母的一个槽内。

(g)采用铆合，螺栓杆末端外露长度为(1～1.5)P(螺距)，当螺母拧紧后将螺栓末端伸出部分铆合。

(h)采用冲点，用冲头在螺栓杆末端与螺母的旋合缝处打冲，利用冲点防松。冲点中心一般在螺纹的小径处。这种防松方法可靠，但拆卸后连接件不能重复使用。

(i)采用涂胶粘剂，通常采用胶黏结剂涂于螺纹旋合表面，拧紧螺母后黏结剂能够自行固化，防松效果良好。

三、学习任务

1.用不少于 300 字对本节知识点进行梳理。

2.列举分析生产生活中螺纹预紧和防松装置。

第三节　键连接

一、理论要点

键是标准件，一般主要用来实现轴和轴上零件之间的周向固定以传递扭矩。

（一）平键连接

平键的两侧面是工作面，上表面与轮毂槽底之间留有间隙（图9-14（a））。这种键定心性较好、装拆方便。常用的平键有普通平键、薄型平键、导向平键和滑键四种。其中普通平键和薄型平键用于静连接，导向平键和滑键用于动连接。

普通平键的端部形状可制成圆头（A型）（图9-14（b））、方头（B型）（图9-14（c））或单圆头（C型）（图9-14（d）），普通平键应用最广。

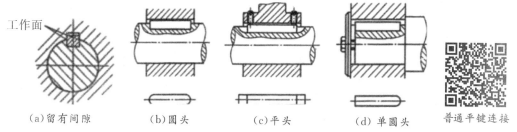

| （a）留有间隙 | （b）圆头 | （c）平头 | （d）单圆头 | 普通平键连接 |

图9-14　普通平键连接（图b、c、d下方为键及键槽示意图）

薄型平键与普通平键的主要区别在于，薄型平键的高度约为普通平键的60%～70%，结构型式相同，但传递转矩的能力较低。

导向平键较长，常用螺钉固定在轴槽中，为了便于装拆，在键上制出起键螺纹孔（图9-15）。这种键能实现轴上零件的轴向移动，构成动连接。

滑键固定在轮毂上，轴上零件带键在轴上的键槽中作轴向移动。这样需在轴上铣出较长键槽，键可做得短些（图9-16）。

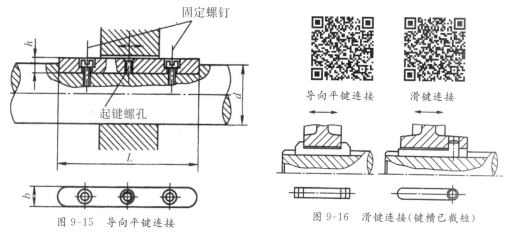

图9-15　导向平键连接

图9-16　滑键连接（键槽已截短）

（二）半圆键连接

半圆键也是以两侧面为工作面（图9-17（a）），它与平键一样具有定心较好的优点。半圆键能在轴槽中摆动以适应毂槽底面，装配方便。它的缺点是键槽对轴的削弱较大，只适用于轻载连接。

锥形轴端采用半圆键连接在工艺上较为方便（图9-17（b））。

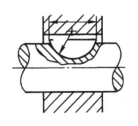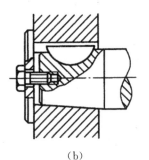

半圆键连接

(a)   (b)

图 9-17　半圆键连接

(三)楔键连接

楔键的上下面是工作面(图 9-18(a)),键的上表面有 1∶100 的斜度,轮毂键槽的底面也有 1∶100 的斜度,并能承受单方向的轴向力,仅适用于定心精度要求不高、载荷平稳和低速的连接。

楔键分为普通楔键和钩头楔键两种(图 9-18(b)),钩头楔键的钩头是为了拆键用的,应注意加保护罩。

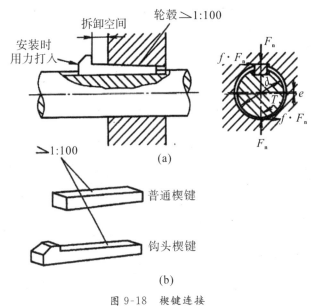

(a)

(b)

图 9-18　楔键连接

(四)切向键连接

切向键连接如图 9-19 所示,切向键由一对楔键组成,键的工作面是楔键的窄面,装配时将两键楔紧。用一个切向键时,只能传递单向扭矩;当要传递双向扭矩时,必须用两个切向键,两者间的夹角为 $120°\sim130°$。

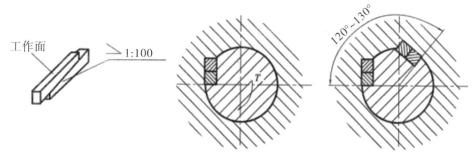

图 9-19　切向键连接

二、案例解读

案例 9-4　分析说明图 9-20 中的键联接。

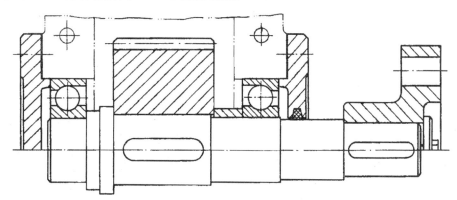

图 9-20　减速器零件之间的联接

分析:为了实现轴传递转矩的作用,轴与轴上零件(齿轮、联轴器)等必须同步运转,不允许相互之间产生相对转动,则轴与轴上零件需要用键联接。

三、学习任务

1.对教师讲过的案例进行分析。

2.分析分析生产生活当中的键连接实例。

第十章　滚动轴承

滚动轴承是机器中一类比较常见且重要的通用部件。它用来支撑转动零件,具有摩擦阻力小、转动灵敏、润滑方法简单和维修更换方便等优点,在各种机械中广泛使用。

让我们来看看,滚动轴承的主要类型有哪些,如何正确地选用,滚动轴承的代号有什么含义,如何进行轴承的润滑和密封。

第一节　滚动轴承的主要类型和选择

一、理论要点

(一)滚动轴承的基本组成

滚动轴承一般由内圈、外圈、滚动体和保持架四部分组成(图 10-1)。内圈的作用是与轴相配合并与轴一起旋转;外圈作用是与轴承座相配合,起支撑作用;滚动体形状大小和数量直接影响着滚动轴承的使用性能和寿命;保持架能使滚动体均匀分布,防止滚动体脱落,引导滚动体旋转。

(二)滚动轴承的主要类型

滚动轴承通常按照承受载荷的方向(或接触角)、滚动体的状态以及轴承的尺寸进行分类(表10-1)。

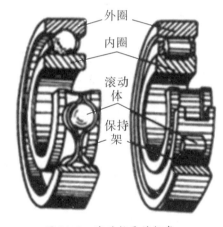

图 10-1　滚动轴承的组成

1. 按承受的载荷方向或公称接触角分类

滚动体和外圈接触处的法线与轴承径向平面(垂直于轴承轴线的平面)之间的夹角称为公称接触角,简称接触角。接触角愈大,可承受的轴向力愈大。

按照载荷的方向接触角的不同,滚动轴承可以分为向心轴承和推力轴承。①向心轴承,主要用于承受径向载荷的滚动轴承,其公称接触角从 0°到 45°;②推力轴承,主要用于承受轴向载荷的滚动轴承,其公称接触角大于 45°到 90°。

2. 按照接触特性和滚动体形状分类

按点或线接触特性的不同,可分为:球轴承、滚子轴承。

按滚动体具体形状的不同,还分为:圆柱滚子、圆锥滚子、球面滚子和滚针等。

3. 按照工作时能否调心

可分为:①调心轴承;②非调心轴承(刚性轴承)。

4. 按照滚动体的列数

可分为:①单列轴承;②双列轴承;③多列轴承。

5. 按照组成部件能否分离

可分为:①可分离轴承;②不可分离轴承。

6. 按照滚动轴承尺寸大小分类

可分为:①微型轴承;②小型轴承;③中小型轴承;④中大型轴承;⑤大型轴承;⑥特大型轴承;⑦重大型轴承。

表 10-1 常用滚动轴承的类型和特点

类型及代号		结构简图及承载方向	极限转速	主要性能及应用
 双列调心滚子轴承	调心球轴承(1)		中	主要承受径向载荷,也可同时承受少量的双向轴向载荷,允许2°~3°偏移角。外圈滚道为球面,具有自动调心性能,适用于弯曲刚度小的轴。
 双向推力球轴承	调心滚子轴承(2)		中	用于承受径向载荷,其承载能力比调心球轴承大,也能承受少量的双向轴向载荷,允许1°~2.5°偏移角。具有调心性能,适用于弯曲刚度小的轴。
 圆锥滚子轴承	圆锥滚子轴承(3)		中	能承受较大的径向载荷和轴向载荷,允许2偏移角。内外圈可分离,故轴承游隙可在安装时调整,通常成对使用,对称安装。
 推力球轴承	推力球轴承(5)		低	只能承受单向轴向载荷,适用于轴向力大而转速较低的场合,不允许偏移。
			低	可承受双向轴向载荷,常用于轴向载荷大、转速不高处,不允许偏移。
 深沟球轴承	深沟球轴承(6)		高	主要承受径向载荷,也可同时承受少量双向轴向载荷,允许2'~10'偏移。摩擦阻力小,极限转速高,结构简单,价格便宜,应用最广泛。

续表

角接触球轴承 (7)		较高	能同时承受径向载荷与轴向载荷,接触角 α 有 $15°$、$25°$、$40°$三种。适用于转速较高、同时承受径向和轴向载荷的场合,允许 $2'\sim10'$偏移角。
圆柱滚子轴承 (N)		高	只能承受径向载荷,不能承受轴向载荷。承受载荷能力比同尺寸的球轴承大,尤其是承受冲击载荷能力大,允许 $2'\sim4'$偏移角。

(三)滚动轴承类型的选择

一般应考虑如下因素:

1.承受载荷的大小、方向和性质

(1)以承受径向载荷为主、轴向载荷较小、转速高、运辖平稳且又无其他特殊要求时,应选用深沟球轴承。

(2)只承受纯径向载荷、转速低、载荷较大或有冲击时,应选用圆柱滚子轴承。

(3)只承受纯轴向载荷时,应选用推力球轴承或推力圆柱滚子轴承。

(4)同时承受较大的径向和轴向载荷时,应选用角接触球轴承或圆锥滚子轴承。

(5)同时承受较大的径向和轴向载荷,但承受的轴向载荷比径向载荷大很多时,应选用推力轴承和深沟球轴承的组合。

2.转速条件

选择轴承类型时,应注意其允许的极限转速。

(1)球轴承和滚子轴承相比较,有较高的极限转速,因此转速高时应优先选用球轴承。

(2)在内径相同的条件下,外径越小,则滚动体就越轻小,运转时滚动体加在滚道上的离心惯性力就越小,因而更适用于在更高的转速下工作。故在高速时,应选用超轻、特轻及轻系列的轴承。重及特重系列的轴承,只用于低速重载的场合。

(3)可以通过提高轴承的精度等级,选用循环润滑,加强对循环油的冷却等措施来改善轴承的高速性能。

3.装调性能

圆锥滚子轴承和圆柱滚子轴承的内外圈可分离,便于装拆。

4.调心性能

(1)两轴承座孔存在较大的同轴度误差或轴的刚度小、工作中弯曲变形较大时,应选用调心球轴承或调心滚子轴承。

(2)跨距较大或难以保证两轴承孔的同轴度的轴及多支点轴,可使用调心轴承。

(3)调心轴承需成对使用,否则将失去调心作用。

5.经济性

在满足使用要求的情况下,优先选用价格低廉的轴承。一般来说,球轴承的价格低于滚子轴承,径向接触轴承的价格低于角接触轴承,0级精度轴承的价格低于其他公差等级的轴承。

二、案例解读

案例 10-1 确定图 10-2 轴承的类型。

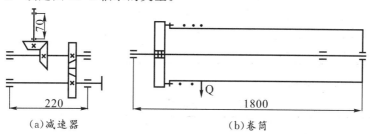

(a)减速器　　　　　　　(b)卷筒

图 10-2 轴承类型的选择

分析：

(1)圆锥滚子轴承能承受较大的径向载荷和轴向载荷,内外圈可分离,轴承游隙可在安装时调整,减速器锥齿轮及斜齿轮都有轴向力及径向力,转速不太高,为便于安装及调隙,各轴都选用一对圆锥滚子轴承(3000 型)。

(2)卷筒轴轴承主要受径向力,转速很低,两轴承座分别安装,支点跨距大,轴有一定变形。调心球轴承外圈滚道为球面,具有自动调心性能,为保证轴承有较好的调心性能,选用一对调心球轴承(1000 型)。

三、学习任务

1.对教师讲过的案例进行分析。

2.请各列举一个圆锥滚子轴承、深沟球轴承的具体应用场合,并说明选用依据。

第二节 滚动轴承的代号

一、理论要点

国家标准 GB/T272-93 规定:滚动轴承代号由基本代号、前置代号和后置代号三部分组成,其意义见表 10-2。基本代号是轴承代号的基础,前置代号和后置代号都是轴承代号的补充。

表 10-2 滚动轴承代号组成

前置代号	基本代号			后置代号
	类型代号	尺寸系列代号	内径代号	
字 母	字母或数字(或) ×(或××)	数字代号 ××	数字 ××	字母或加数字

(一)基本代号

基本代号是核心部分,由类型代号、尺寸系列代号、内径代号组成。

轴承类型代号:由一位或几位数字或字母组成(表 10-1)。

尺寸系列代号由两位数字组成,前一位数字代表宽度系列(向心轴承)或高度系列(推力轴承),后一位数字代表直径系列(表 10-3)。

表 10-3　尺寸系列代号

代号	7	8	9	0	1	2	3	4	5	6
宽度系列	…	特窄	…	窄	正常	宽	特宽			
直径系列	超特轻	超轻	特轻	轻	中	重	……			

内径代号表示轴承公称内径的大小,用数字表示(表 10-4)。

表 10-4　内径代号

内径尺寸代号	00	01	02	03	04～99
内径尺寸/mm	10	12	15	17	数字×5

(二)前置代号与后置代号

前置代号和后置代号是轴承在结构形状、尺寸、公差、技术要求等改变时,在基本代号左右添加的补充代号。

前置代号:在基本代号的左面,表示可分离轴承的可分部件,用字母表示,有 L、K、R、WS、GS 等。

后置代号:在基本代号的右面,包括:

(1)内部结构代号:C、AC、B—如果是角接触球轴承,分别代表接触角 $\alpha=15°$、$25°$、$40°$。

(2)密封、防尘与外部形状变化代号。

(3)保持架代号。

(4)轴承材料改变代号。

(5)轴承的公差等级:

公差等级　2　4　5　6　6X　0—普通级可省略

代号　/P2、/P4、/P5、/P6、/P6X、/P0

(6)轴承的径向游隙代号。

(7)常用配置、预紧及轴向游隙代号。

(8)其他。

二、案例解读

案例 10-2　试说明滚动轴承代号 23224 和 6208—2Z/P6 的含义。

分析:(1)23224:2-类型代号(表 10-1),调心滚子轴承;32-尺寸系列代号(表 10-3),特宽轻系列;24-内径代号(表 10-4),$d=120mm$。

(2)6208—2Z/P6:6-类型代号(表 10-1),深沟球轴承;2-尺寸系列代号(表 10-3),其中宽度系列为 0,省略未写,轻系列;08-内径代号(表 10-4),$d=40mm$;2Z-轴承两面带防尘盖;P6-公差等级符合标准规定 6 级。

三、学习任务

1.对教师讲过的案例进行分析。

2.试说明下列型号滚动轴承的类型、内径、公差等级、直径系列和结构特点。

6305、5316、N316/P6、30207、6306/P5。

第三节　滚动轴承的润滑和密封

一、理论要点

(一)滚动轴承的润滑

轴承常用的润滑方式有油润滑及脂润滑两类。此外,也有使用固体润滑剂润滑的。润滑方式与轴承的速度有关,一般用滚动轴承的 dn 值(d 为滚动轴承内径,mm;n 为轴承转速,r/min)表示轴承的速度大小。当 $dn<(1.5\sim2)\times10^5$ mm·r/min 时,适用于脂润滑,超过这一范围,宜采用油润滑。

(二)滚动轴承的密封

滚动轴承密封的目的:防止灰尘、水分和杂质等进入轴承,同时也阻止润滑剂的流失。良好的密封可保证机器正常工作,降低噪音,延长有关零件的寿命。滚动轴承的密封可分为接触式密封和非接触式密封。

二、案例解读

案例 10-3　分析说明图 10-3 滚动轴承的密封具体型式和特点。

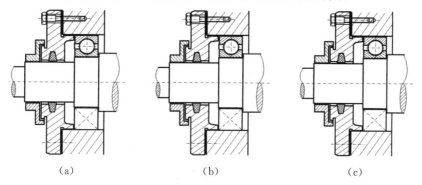

| (a) | (b) | (c) |

图 10-3　轴承常用的密封型式

分析:(a)为接触式密封,采用毡圈密封,结构简单,但摩擦较大,只用于滑动速度小于 4m/s 的地方。

(b)为非接触式密封,采用迷宫密封,适用于脂润滑或油润滑,工作环境要求不高,密封可靠的场合,结构复杂,制作成本高,迷宫密封是由旋转的和固定的密封零件之间排会成的曲折的狭缝所形成的,纵向间隙要求 1.5～2mm,隙缝中填入润滑脂,可增加密封效果。

(c)为混合密封,适合脂润滑或油润滑,是将以上两种密封方式组合使用,其密封效果经济、可靠。

三、学习任务

1.用不少于 100 字对本节知识点进行梳理。

2.指出题图 10-1 中滚动轴承密封方式有哪些不合理和不完善的地方,并提出改进意见和画出改进后的结构图。

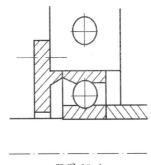

题图 10-1

第十一章　轴

轴是机器中的重要组成部件之一,主要用来支承回转零件并传递转矩和运动。

让我们来看看,各类轴的特点与应用场合,轴的常用材料有哪些? 轴的结构如何设计?

第一节　轴的类型和材料

一、理论要点

(一)轴的类型

根据承受载荷情况、轴线形状的不同,可作如下分类:

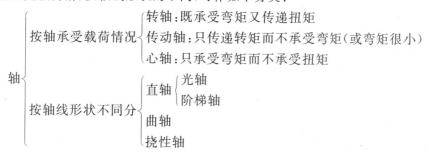

(二)轴的材料和热处理

轴应具有高的静强度和疲劳强度,足够的韧性,即具有良好的综合力学性能,此外还应具有良好的工艺性特点。

轴的材料一般选用碳素钢和合金钢。对于载荷不大、转速不高的一些不重要的轴可采用碳素结构钢来制造,以降低成本。对于一般用途和较重要的轴,多采用中碳的优质碳素结构钢制造。对于传递较大转矩,要求强度高、尺寸小与重量轻或要求耐磨性高或要求在高温、低温条件下工作的轴,可采用合金钢制造。值得注意的是:钢材的种类和热处理对其弹性模量的影响很小,采用合金钢或通过热处理并不能提高轴的刚度。

二、案例解读

案例 11-1　分析图 11-1 各轴承受载荷的情况,并根据承受载荷情况的不同,指出轴的类型。

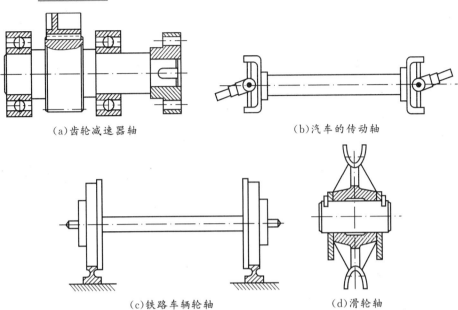

(a)齿轮减速器轴   (b)汽车的传动轴

(c)铁路车辆轮轴   (d)滑轮轴

图 11-1   轴的类型(按承载情况)

分析:(a)齿轮减速器中的轴工作中既承受弯矩又承受扭矩,因此为转轴。这类轴在各种机器中最常见。(b)汽车的传动轴只承受扭矩而不承受弯矩(或弯矩很小)的轴,因此为传动轴。(c)铁路车辆的轮轴和(d)滑轮轴只承受弯矩而不承受扭矩,因此为心轴。(c)铁路车辆的轮轴随轴上回转零件一起转动称为转动心轴,而(d)滑轮轴固定不转动称为固定心轴。

案例 11-2   按照轴线形状的不同,分析图 11-2 各轴的特点。

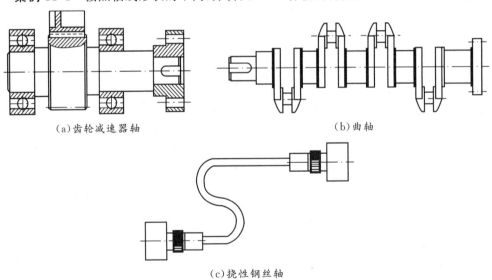

(a)齿轮减速器轴   (b)曲轴

(c)挠性钢丝轴

图 11-2   轴的类型(按轴线形状)

分析:(a)为直轴,有光轴和阶梯轴两种,光轴形状简单,加工容易,应力集中源少,(a)为阶梯轴则正好与光轴相反;(b)为曲轴,常用于往复式机械中,例如多缸内燃机中的曲轴,通过连杆可将旋转运动改变为往复直线运动或相反的运动变换;(c)为挠性钢丝轴,由多层紧贴在一起的卷绕钢丝层组成的,常用于手提式喷砂器和研磨机、汽车转速表,启动某些装置的阀门和开关等。

三、学习任务

1.对教师讲过的案例进行分析。

2.用本节所学内容,完成以下练习。

(1)请分析和对比转轴、心轴、传动轴存在什么异同点,分别举一个应用实例或设计相关应用场景。

(2)题图 11-1 为传动系统。齿轮 2 空套在轴Ⅲ上,齿轮 1、3 均和轴用键连接,卷筒和齿轮 3 固连,而和轴Ⅳ空套。试分析各轴所受到的载荷,并判定各轴的类别(轴的自重不计)。

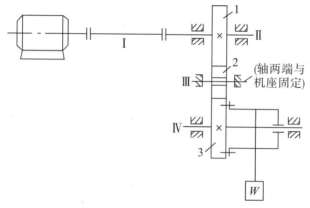

题图 11-1 传动系统

第二节 轴的结构设计

一、理论要点

(一)轴上零件的装配方案

所谓轴上零件的装配方案,就是确定轴上主要零件的装配方向、顺序和相互关系。如图 11-3 中的装配方案是:齿轮、套筒、右端轴承、轴承端盖、半联轴器依次从轴的右端向左安装,左端只装轴承和轴承端盖。为便于轴上零件的装拆,常设计成阶梯轴。对于剖分式箱体中的轴,轴径一般从轴端逐渐向中间增大。确定装配方案时,一般考虑几个方案,进行分析比较与选择。

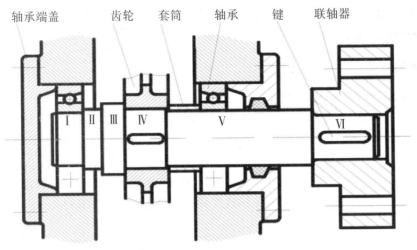

图 11-3 轴的结构

(二)轴上零件的定位

1.轴上零件的轴向定位

轴上零件的轴向定位方法很多,常用的有轴肩、轴环、套筒、轴承端盖、圆螺母、挡圈、圆锥面等。

轴肩定位是最实用可靠的轴向定位方法。轴肩可分为定位轴肩和非定位轴肩,为了保证零件较为可靠的定位,轴肩或轴环应有足够的高度 h,定位轴肩的高度 h 一般取为: $h=(0.07\sim0.1)d$,其中 d 为与零件配合处的轴的直径,单位为 mm。滚动轴承的定位轴肩(如图 11-3 中Ⅰ、Ⅱ轴段间的轴肩)高度必须低于轴承内圈端面的高度,便于轴承的拆卸,轴肩的高度可查手册中轴承的安装尺寸。非定位轴肩高度没有严格的规定,一般取为 1~2mm,以便于加工和装配。轴肩处的过渡圆角半径 r 必须小于与之相接触的零件轮毂端部的圆角半径 R 或倒角尺寸 C,如图 11-4(b)所示。

轴环(如图 11-4(a))的功用与轴肩相同,轴环宽度。

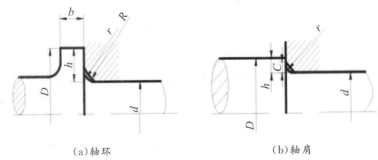

(a)轴环　　　　　　　　　　(b)轴肩

图 11-4 轴环、轴肩圆角与相配零件的倒角(或圆角)

套筒定位(图 11-5)结构简单,定位可靠,一般用于轴上相距不大的两个零件之间的定位。但套筒与轴的配合较松,如果轴的转速很高时,不宜采用套筒定位。

轴承端盖用螺钉与箱体连接而使滚动轴承的外圈得到轴向定位。在一般情况下,整个轴的轴向定位也常利用轴承端盖来实现(图 11-3)。

轴端挡圈(图 11-6)适用于固定轴端零件,可以承受较大的轴向力。对于承受冲击载荷和同心度要求较高的轴端零件,也可采用圆锥面定位。

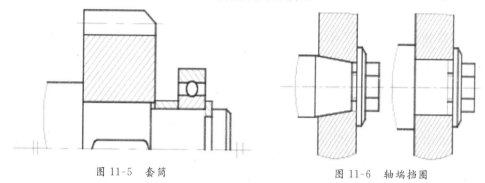

图 11-5 套筒   图 11-6 轴端挡圈

　　弹性挡圈(图 11-7)、锁紧挡圈(图 11-8)、紧定螺钉(图 11-9)和圆锥销(图 11-10)等适用于零件上的轴向力不大的场合。

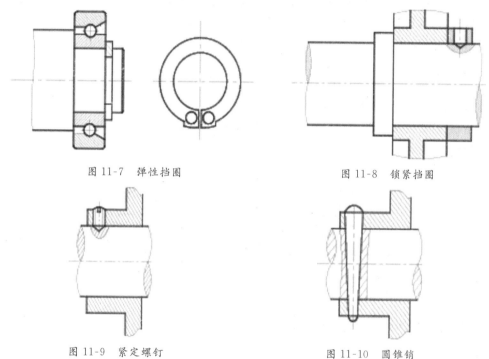

图 11-7 弹性挡圈   图 11-8 锁紧挡圈

图 11-9 紧定螺钉   图 11-10 圆锥销

　　圆螺母一般用于固定轴端的零件,有双圆螺母(图 11-11)和圆螺母与止动垫圈(图 11-12)两种型式。当轴上两零件间距离较大不宜使用套筒定位时,也常采用圆螺母定位。

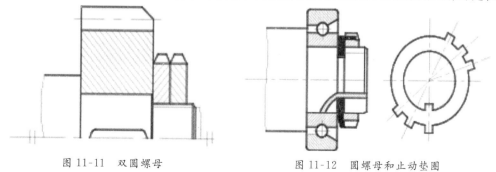

图 11-11 双圆螺母   图 11-12 圆螺母和止动垫圈

2.轴上零件的周向定位

周向定位的目的是限制轴上零件与轴发生相对转动,从而促使两者之间的运动和动力(转矩)的传递。常用的周向定位零件有键、花键、销、紧定螺钉以及过盈配合等。

二、案例解读

案例 11-3 分析图 11-3 轴上零件的定位方案。

分析:在图 11-3 中有三处定位轴肩: Ⅰ、Ⅱ轴段间的轴肩是左轴承的定位轴肩,使轴承内圈得到轴向定位;Ⅲ、Ⅳ轴段间的轴肩是轴上传动件的定位轴肩;Ⅴ、Ⅵ轴段间的轴肩是轴伸端上传动件的定位轴肩,其他轴肩均为非定位轴肩。

采用了套筒对轴上传动件和右轴承进行轴向定位,轴承端盖用螺钉与箱体连接而使滚动轴承的外圈得到轴向定位。

轴上传动件的周向定位采用键连接,轴与轴承之间采用过盈联接防止相对转动。采用键连接时,为加工方便,各轴段的键槽宜设计在同一加工直线上,并应尽可能采用同一规格的键槽截面尺寸。

三、学习任务

1.对教师讲过的案例进行分析。

2.指出题图 11-2 中轴的结构有哪些不合理和不完善的地方,并提出改进意见和画出改进后的结构图。

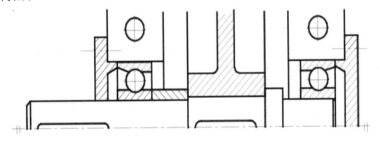

题图 11-2

3.请写出学习本章内容过程中形成的"亮考帮"。

参考文献

1. 段志坚,徐来春.机械设计基础[M].北京:机械工业出版社,2012.

2. 樊智敏,孟兆明.机械设计基础[M].北京:机械工业出版社,2012.

3. 师忠秀.机械原理[M].北京:机械工业出版社,2012.

4. 冯立艳.机械原理[M].北京:机械工业出版社,2012.

5. 薛铜龙.机械设计基础[M].北京:电子工业出版社,2011.

6. 曹彤,和丽.机械设计制图[M].4版.北京:高等教育出版社,2011.

7. 阎邦椿.机械设计手册[M].5版.北京:机械工业出版社,2010.

8. 毛炳秋.机械设计基础[M].北京:高等教育出版社,2010.

9. 王洪.机械设计基础[M].北京:北京交通大学出版社,2010.

10. 刘江南,郭克希.机械设计基础[M].2版.长沙:湖南大学出版社,2009.

11. 孟玲琴,王志伟.机械设计基础[M].2版.北京:北京理工大学出版社,2009.

12. 于惠力,李广慧,尹凝霞.轴系零部件设计实例精解[M].北京:机械工业出版社,2009.

13. 徐广红,张柏清,钟礼东.机械设计基础[M].江西:江西高校出版社,2008.

14. 陈立德.机械设计基础[M].2版.北京:高等教育出版社,2008.

15. 成大先.机械设计手册[M].5版.北京:化学工业出版社,2008.

16. 刘显贵,涂小华.机械设计基础[M].北京:北京理工大学出版社,2007.

17. 机械设计手册编委会.机械设计手册(单行本)[M].4版.北京:机械工业出版社,2007.

18. 杨可桢,程光蕴,李仲生.机械设计基础[M].5版.北京:高等教育出版社,2006.

19. 吴宗泽,罗圣国.机械设计课程设计手册[M].3版.北京:高等教育出版社,2006.

20. 孙恒,陈作模,葛文杰.机械原理[M].7版.北京:高等教育出版社,2006.

21. 濮良贵,纪名刚.机械设计[M].8版.北京:高等教育出版社,2006.

22. 赵韩.机械系统设计[M].北京:高等教育出版社,2005.

23. 吴宗泽.机械设计实用手册[M].3版.北京:化学工业出版社,2005.

24. 邱宣怀.机械设计[M].4版.北京:高等教育出版社,2005.

25. 郭瑞峰,史丽晨.机械设计基础——导教·导学·导读[M].西安:西北工业大学出版社,2005.

26. 吴宗泽.机械零件设计手册[M].北京:机械工业出版社,2004.

27. 中国机械工程学会,中国机械设计大典编委会.中国机械设计大典[M].南昌:江西科学技术出版社,2002.

28. 杨昂岳.机械设计典型题解析与实战模拟[M].长沙:国防科技大学出版社,2002.

29. 任金泉.机械设计课程设计[M].西安:西安交通大学出版社,2002.

30. 席伟光.机械设计课程设计[M].2版.北京:高等教育出版社,2002.

31. 初嘉鹏,贺凤宝.机械设计基础[M].北京:中国计量出版社,2001.

32.钟毅芳,吴昌林,唐增宝.机械设计[M].2版.武汉:华中科技大学出版社,2000.

33.陈立德.机械设计基础[M].北京:高等教育出版社,2000.

34.陈秀宁.机械设计基础[M].2版.杭州:浙江大学出版社,1999.

35.郑文纬,吴克坚.机械原理[M].7版.北京:高等教育出版社,1997.

36.刘静,朱花.机械设计基础.2版.武汉:华中科技大学出版社,2020.

附　录

一种多款水果的自动采摘 & 分拣装置

指导教师：朱花、陈慧明
设计者：赵紫峰、张芮、林陈荣、符祥氖、吴基锴

一种多款水
果的自动采
摘分拣装置

一、作品简介

1. **采摘头部分**：采摘头由电机驱动，结合丝杆结构、连杆滑块机构，联合实现控制抓头的抓取和旋转动作。

2. **采摘杆部分**：采摘杆包括伸缩杆和带控制按钮的手柄组成，带有褶皱柔性管以起缓冲作用。

3. **水果收集部分**：该部分通过电子秤、拔叉和管道，联合实现对水果大小的分拣、计重及计数等功能。

二、创新点

1. 利用摩擦力矩的不同完成爪头的抓取和采摘两个动作，同时引入剪枝刀，利于剪切树枝较韧的水果。

2. 传输管采用柔性螺旋管与挡板配合设计，防止水果在传输过程遭损坏。

3. 水果收集箱内融合了称重、重量阈值设定等功能，实现了根据水果大小进行计重、分拣、计数等功能，实现"采摘－分选－计量"一条龙。

三、推广价值

1. 采摘动作简便有效，能较好地提升果农采摘水果的效率，一个电机可同时控制两个动作，减少采摘杆的重量，降低果农购置和使用成本。

2. 提供了个性化自定义分装装置，方便对水果进行分装和销售，更切合果农们的实际需求。

菠萝高效自动采摘装置

指导老师：朱花
设计者：黄金宝、葛杨文、高志武、吕新宇、贾茹晴

菠萝高效自动
采摘装置

一、作品简介

1.**采摘部分**：车体在向前行进的过程中，利用八字型导向板分离菠萝果实与叶子，并聚拢菠萝果实。再利用链式锯条通过电机的驱动，做循环运动将菠萝根茎切断、并实现果实的分离，进而完成采摘动作，从而解决了人工重复弯腰手动采摘菠萝的问题。

2.**传送装框部分**：将采摘的菠萝通过传送带输送到机器的一侧，顺着滑道进入收集装置中。

3.**行车运动部分**：整个机器主体位于植株上方，车轮位于植株两侧过道，实现对整垅菠萝的持续、快速采摘，并尽量减少机器对植株的损伤，车轮采用双电机控制，加装精准调速模块，可人为根据田野地形、植株种植密度调节行进速度，以保证采摘的高效进行。

二、创新点

1.特制的"V"型挡板对中装置，实现和保证了收割的全面性与自动性。

2."一体式"浮动采摘结构，实现自适应确定切割位置，精准快速收割，解放人力，实现了便捷高效、精准采摘。

3.传动及盘锯电机配装"调速器"，可根据田地地形及菠萝的种植密度调节转速，保证采摘的高效性和稳定性。

三、应用价值

团队设计的这款采摘装置操作简单高效且便捷、适用范围广。不仅可代替人工完成多项工作、减少了人工成本，同时装置可快速不间断地完成整行采摘与收集，可为广大农民产生巨大的经济效益，具有广阔的市场前景。

获奖情况：
荣获 2018 年全国大学生机械创新设计大赛，全国一等奖。
荣获 2019 年全国三维数字化创新设计大赛，全国二等奖。

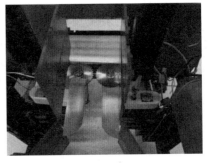

"药来张口"——家用全自动配药仪

指导老师：朱花、黄经纬

设计者：张京华、罗鑫、张华、黄金宝

"药来张口"——家
用全自动配药仪

一、作品简介

1.**离心计数装置**：产生离心力能将形状和大小不同的药物进行分离。依次通过轨道出口，红外计数装置记录药物数量。

2.**储药罐装置**：多个储药罐能够分别储存多种不同的药物。不进行配药时，药物被密封版密封储存起来。配药时，储药罐旋转到对准密封板的缺口进行配药

3.**吸药装置**：可以自适应不同形状、不同尺寸的药片，使配药仪的适应性大大提升。

4.**柔韧性传动装置**：柔性传送绳能在不破坏药板的情况下对药版进行压紧和传送。

二、创新点

1.挡板将使药片按设计好的路线运动，以达到药物依次通过计数装置的目的。

2.当吸气电机吸到药物时，产生内外压差，同时电机发出的声音频率改变。通过利用声控模块来检测药物是否被吸住。

3.利用柔性材料的弹性，在不破坏药板的前提下，实现压紧药板的功能。并通过转动杆达到传送的目的。

三、推广价值

1.本装置轻巧便携，极大地方便老人的出行。

2.适用于需要长期服用药物的老年人，需要人群巨大，前景广阔。

获奖情况

2020年全国大学生机械创新设计大赛，省级一等奖。

全自动水笔芯加墨环保装置

指导老师：朱花

参赛学生：曾德伟、黎业钲、郭长建、胡凯、张建国、卢剑霞、肖才

全自动水笔芯
加墨环保装置

一、作品简介

针对现有中性笔笔芯无法循环使用、笔尖损坏后无法书写以及笔芯残留物回收不便等问题，团队设计了一款全自动水笔芯加墨环保装置。

整个装置将机械设计与电气控制相结合实现了全自动，笔芯的重复利用可节约大量相关制作原料以及降低残留污染物的排放，该装置的推广还能够为人们的生活提供便捷，本作品对节能减排具有重大意义。

二、创新点

1.装置采用步进电机和直流电机相结合的方式控制运动系统,更好地满足了高精度的要求,减小注墨工作的误差;

2.利用C51单片机实现了全自动控制技术,无需人工操作,大大提高了工作效率;

3.装置设有芯头的回收以及循环利用,笔芯残余墨水和笔芯塑料管清洗功能,且底部装有锁止万向轮可移动,使得装置的使用灵活、适用范围广泛。

三、应用价值

1.极大地降低水笔芯使用所带来的白色污染;

2.采用全自动填充技术,无需人工操作,使用简单、高效、人性化;

3.装置内部添加了针对这些材料的回收机构,可及时有效地回收处理这些废弃物,避免这些废弃物给人类和生态环境带来危害。

四、获奖情况

荣获2015年全国大学生节能减排科技竞赛,全国三等奖。

以机械原理实现自控的节能晾晒装置

指导老师:朱花

参赛学生:万奇龙、郭长建、黄珍里、魏国猛、柳帅、李小梅、肖迪良

以机械原理实现自控的节能晾晒装置

一、作品简介

现有的自动防雨晾晒装置基本都是通过电子感应来实现防雨功能,这种装置一般结构比较复杂、性能不够稳定、使用和维修成本较高。而本团队发明的,属于纯机械自动控制的新型防雨晾晒装置。

整个装置主要由四部分组成:机架、帆布架、集雨装置和触发箱。当下雨时,雨水可通过集水装置进入触发箱,打湿箱内纸巾,纸巾上的钢球突破纸的张力从盒内落入正下方的接球盒内,使帆布架向集雨装置端倾斜,安装在帆布架上的滚动杆在重力作用下往下翻滚,从而带动帆布展开,使得装置达到遮雨的目的;当雨停后集水盒中设置的排水孔使雨水不断流出从而重量不断减小,当小于触发箱内平衡块重量时,集雨端将上升,则帆布收拢,从而达到重新晾晒的目的。

二、创新点

1.本装置为纯机械结构,无需电源和传感器,巧妙利用小球和雨水势能驱动,节能环保。

2.本装置在下雨时能够自动展开帆布防雨,在雨停后又能够自动收起帆布,继续晾晒,实现了机械智能。

3.本装置巧妙利用纸巾遇水即化的特点,反应灵敏;且设有多个钢球,能更好地适应多变的天气。

三、应用价值

现有的自动防雨晾晒装置基本都是通过电子感应来实现防雨功能,这种装置一般结构比较复杂、性能不够稳定、使用和维修成本较高。

本装置为纯机械结构,不像电子产品一样易损坏,所以可减少用户的维护支出,可以极大方便人们的日常晾晒、改善人们的生活。

装置还可减少电池生产和使用后被废弃所造成的污染,更能体现绿色环保的理念。

获奖情况:

荣获 2015 年全国大学生节能减排科技竞赛,全国二等奖。

荣获 2016 年全国三维数字化创新设计大赛,省级一等奖。